Σ BEST

トコトン算数

小学6年の文章題ドリル

文英堂

この本の  組み立てと使い方

1 ～ 44	▶ 練習問題で，1回分は2ページです。おちついて，問題を解いていきましょう。
問題	▶ 文章題の解き方を説明するための問題です。
考え方	▶ 文章題の解き方が，くわしく書かれています。しっかり読んで，考え方を身につけましょう。
答え	▶ 問題 の答えです。

文章題で考える力をのばそう！

この本は，文章題を解くための基本となる考える力が確実に身につくように考えて作られています。文章をよく読んで，式をつくり，答えを出しましょう。

学習計画を立てよう！

1回分は見開き2ページで，44回分あります。無理のない計画を立て，学習する習慣を身につけましょう。

答え合わせをして，まちがい直しをしよう！

1回分が終わったら答え合わせをして，まちがった問題はもう一度やり直しましょう。まちがったままにしておくと，何度も同じまちがいをしてしまいます。どういうまちがいをしたかを知ることが考える力をアップさせるポイントです。

得点を記録しよう！

この本の後ろにある「学習の記録」に得点を記録しましょう。そして，自分の苦手なところを見つけ，それをなくすようにがんばりましょう。

「トライ！」を読んで，より深く考える力をのばそう！

「循環小数にトライ！」「未解決問題にトライ！」で，より深く考える力をのばし，どのような問題でも解くことができる力を身につけましょう。

もくじ

1 対称な図形 —— ①

問題 ひし形は，どんな直線を折り目として折るとぴったり重なりますか。

考え方 ある直線を折り目として折るとぴったり重なる図形を，**線対称**な図形といい，折り目の直線を**対称の軸**といいます。ひし形の対称の軸は，対角線です。

答え 対角線

線対称である次の図形に，対称の軸をすべてかき入れなさい。

［1問 15点］

(1) 二等辺三角形

(2) 長方形

2 正方形は線対称な図形です。対称の軸は全部で何本ありますか。

［20点］

勉強した日　　月　　日

時間 20分　合格点  80点　答え 別冊2ページ

得点　　点　色をぬろう ☆60 ☆80 ☆100

問題 **長方形は，どんな点を中心として180°回転するとぴったり重なりますか。**

考え方　ある点を中心として180°回転するとぴったり重なる図形を，**点対称**（てんたいしょう）な図形といい，その点を**対称の中心**といいます。長方形は，2本の対角線の交点が対称の中心です。

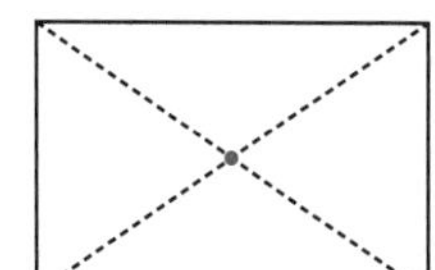

答え　2本の対角線の交点

3 **点対称である次の図形に，対称の中心となる点をかき入れなさい。**

［1問　15点］

(1)　正六角形

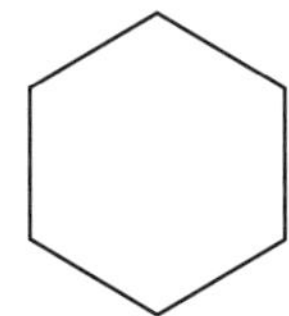

(2)　平行四辺形（しへんけい）

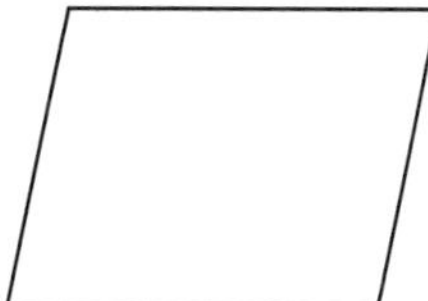

4 正多角形が点対称になるのは，辺の数がどういう数の場合ですか。

［20点］

2 対称な図形 ── ②

1 右の図は，直線ADを対称の軸とする線対称な図形です。　［1問　10点］

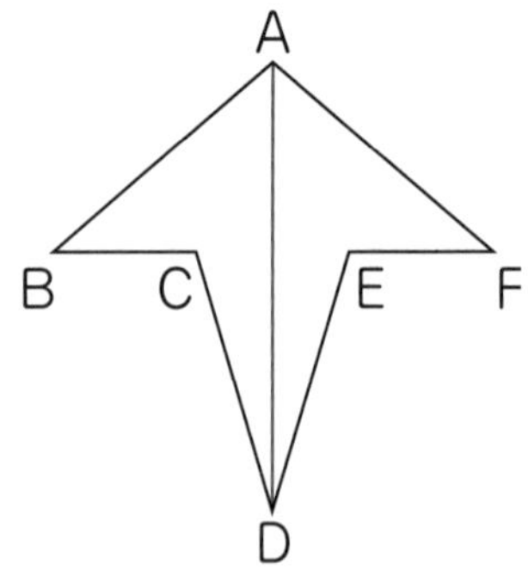

(1) 直線ADと直線BFは，どんな関係ですか。

(2) AB＝5cmのとき，AFは何cmですか。

(3) 角BAFが120°のとき，角BADは何度ですか。

2 次の図を完成しましょう。　［1問　15点］

(1) 直線ABを対称の軸として線対称

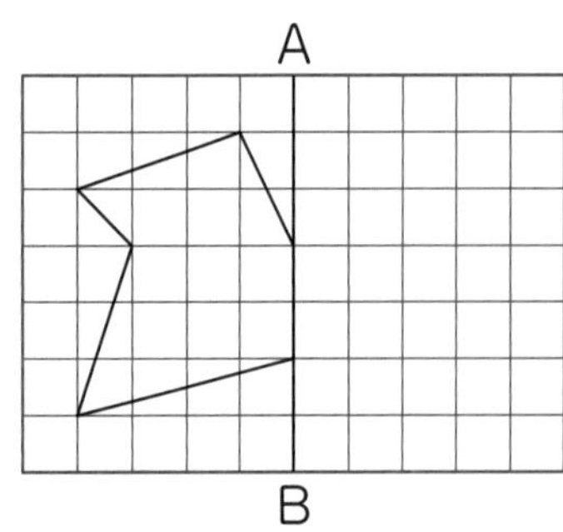

(2) 点Oを対称の中心として点対称

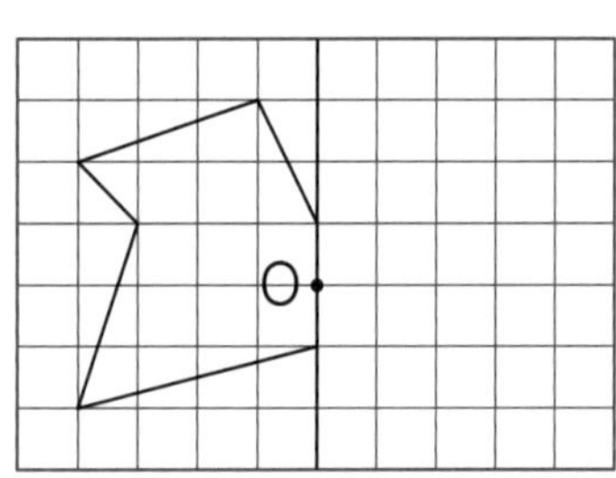

勉強した日　月　日

時間 20分　合格点 80点　答え 別冊2ページ

得点　点

色をぬろう 60 80 100

アルファベットをもとにした次の図形について，あとの問いに答えましょう。

［1問　10点］

A D F H J L
M N O S X Z

(1) 線対称でも点対称でもあるものをすべて答えましょう。

(2) 線対称であり，点対称でないものをすべて答えましょう。

(3) 線対称でなく，点対称であるものをすべて答えましょう。

(4) 線対称でも点対称でもないものをすべて答えましょう。

3 文字と式 ── ①

問題 1個150円のケーキをx個買って，30円の箱に入れるとき，代金を求める式を，xを使った式で表しましょう。

考え方 代金を求める式は

ケーキが1個のとき　$150 \times 1 + 30$

ケーキが2個のとき　$150 \times 2 + 30$

ケーキが3個のとき　$150 \times 3 + 30$

個数のところをxとして，$150 \times x + 30$となります。

答え $150 \times x + 30$

1 1本50円のボールペンを何本か買います。　[1問　10点]

(1) 2本買うときの代金は何円ですか。

(2) 3本買うときの代金は何円ですか。

(3) x本買うときの代金を求める式を，xを使って表しましょう。

(4) ボールペンx本と80円の消しゴムを1個買うときの代金を求める式を，xを使って表しましょう。

勉強した日　月　日

時間 20分　合格点 80点　答え 別冊 3ページ　得点　点

2 正方形について，次の問いに答えましょう。

［1問　10点］

(1) まわりの長さが12cmのとき，1辺の長さは何cmですか。

(2) まわりの長さが18cmのとき，1辺の長さは何cmですか。

(3) まわりの長さが$x$cmのとき，1辺の長さを求める式を，xを使って表しましょう。

3 28人のクラスでx人欠席したときの出席者数について，次の問いに答えましょう。

［1問　10点］

(1) 出席者数を，xを使った式で表しましょう。

(2) $x=2$のとき，出席者数を求めましょう。

(3) $x=5$のとき，出席者数を求めましょう。

4 文字と式 ― ②

問題 ある数を4倍して3をひくと29になります。ある数を求(もと)めましょう。

考え方 ある数をxとすると

$x \times 4 - 3 = 29$

順(じゅん)にもどして考えると

$x \times 4 = 29 + 3 = 32$

$x = 32 \div 4 = 8$

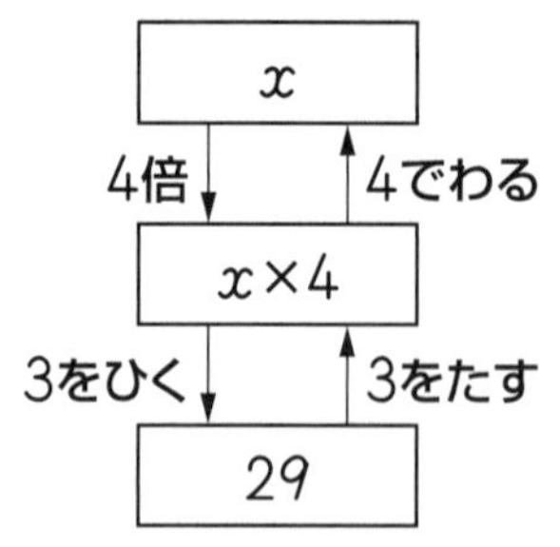

答え 8

1 95をある数でわると，商が13，余(あま)りが4になりました。 [1問 10点]

(1) 「わられる数」,「わる数」,「商」,「余り」の言葉を使って，余りがあるわり算について，「答えの確(たし)かめ」の計算をする式を書きましょう。

わられる数＝

(2) ある数をxとして，(1)の式にあてはめて，xを使った式をつくりましょう。

(3) ある数を求めましょう。

勉強した日　月　日　時間 20分　合格点 80点　答え 別冊3ページ　得点　点　色をぬろう 60 80 100

ジュース3本と180円のチョコレートを買うと，代金は420円でした。

［1問　20点］

(1)　ジュース1本がx円であるとして，「(xを使った式)＝代金」の形の式をつくりましょう。

(2)　ジュース1本は何円ですか。

3

国語と算数のテストの平均(へいきん)点は75点で，社会もふくめた3科目の平均点は70点でした。

［1問　10点］

(1)　国語と算数のテストの合計点は何点ですか。

(2)　社会のテストがx点であるとして，3科目の平均点について，xを使った式をつくりましょう。

(3)　社会のテストの点数は何点ですか。

5 文字と式 ── ③

問題 50円切手をx枚買うときの代金をy円とするとき，xとyの関係を表す式をつくりましょう。

考え方 代金＝50×枚数ですから，

$y=50\times x$

となります。

答え $y=50\times x$

1 底辺が4cm，高さが$x$cmである平行四辺形の面積を$y$cm^{2}とするとき，次の問いに答えましょう。 ［1問 10点］

(1) xとyの関係を表す式をつくりましょう。

(2) $x=6$のとき，yの値を求めましょう。

(3) $x=7.5$のとき，yの値を求めましょう。

(4) $y=52$のとき，xの値を求めましょう。

勉強した日　　月　　日

時間 20分　合格点 80点　答え 別冊 4ページ

得点　　点

色をぬろう 60 80 100

2 長さが48cmのリボンをx人で同じ長さずつ分けたときの1本の長さを$y$cmとするとき，次の問いに答えましょう。 ［1問　10点］

(1) xとyの関係（かんけい）を表す式をつくりましょう。

(2) $y=6$のとき，xの値（あたい）を求（もと）めましょう。

(3) $x=9$のとき，yの値を求めましょう。

3 長さ150cmのテープから，長さ4cmのテープをx本切り取ったときの残（のこ）りの長さを$y$cmとするとき，次の問いに答えましょう。 ［1問　10点］

(1) xとyの関係を表す式をつくりましょう。

(2) $x=7$のとき，yの値を求めましょう。

(3) $y=34$のとき，xの値を求めましょう。

6 分数のかけ算・わり算 ─ ①

問題 ジュースを$\frac{2}{3}$Lずつ，4人に配ります。ジュースはぜんぶで何Lいるでしょう。

考え方 整数の場合と同様に式を立てます。**分数に整数をかける計算は，分母はそのままにして，分子にその整数をかけます。**

$$\frac{2}{3} \times 4 = \frac{2 \times 4}{3} = \frac{8}{3}$$

$$\frac{○}{□} \times △ = \frac{○ \times △}{□}$$

答え $\frac{8}{3}$L

1 たてが$\frac{3}{4}$m，横が3mの長方形の面積(めんせき)は何m^2でしょう。

［20点］

式

答え

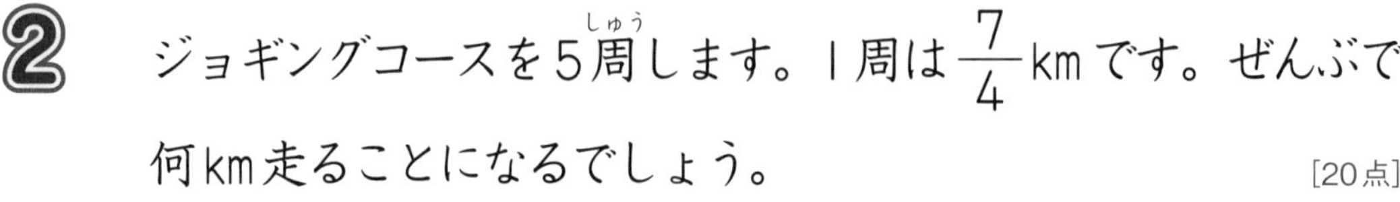

2 ジョギングコースを5周(しゅう)します。1周は$\frac{7}{4}$kmです。ぜんぶで何km走ることになるでしょう。

［20点］

式

答え

勉強した日　　月　　日

時間 20分　合格点 80点　答え 別冊 4ページ

得点　　点

色をぬろう 60 80 100

3 $\frac{4}{5}$mのテープを15本つくります。テープはぜんぶで何mいるでしょう。 [20点]

式

答え

4 水が$\frac{3}{2}$Lはいったペットボトルが1ダースあります。水はぜんぶで何Lあるでしょう。 [20点]

式

答え

5 1mの重さが$4\frac{1}{2}$kgの鉄の棒(ぼう)があります。この鉄の棒7mの重さは何kgになるでしょう。帯(たい)分数で答えましょう。 [20点]

式

答え

7 分数のかけ算・わり算 ― ②

問題 $\frac{7}{5}$Lのジュースを，４人で同じ量(りょう)になるように分けると，１人分は何Lになるでしょう

考え方 整数の場合と同様に式を立てます。**分数を整数でわる計算は，分子はそのままにして，分母にその整数をかけます。**

$$\frac{7}{5} \div 4 = \frac{7}{5 \times 4} = \frac{7}{20}$$

$$\frac{○}{□} \div △ = \frac{○}{□ \times △}$$

答え $\frac{7}{20}$L

1 長さ３mのはり金の重さが$\frac{91}{4}$gのとき，１mの重さは何gでしょう。 [20点]

式

答え

2 同じ重さの荷物が８個(こ)あり，全体の重さは$\frac{35}{9}$kgです。この荷物１個の重さは何kgでしょう。 [20点]

式

答え

勉強した日　月　日

答え　別冊 5ページ

3 リボンが$\frac{12}{7}$mあります。これを切って，同じ長さのリボンを16本つくるとき，1本の長さは何mになりますか。 [20点]

式

答え

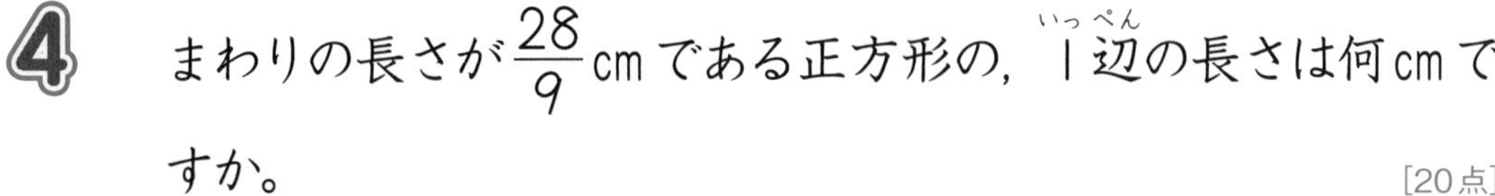

4 まわりの長さが$\frac{28}{9}$cmである正方形の，1辺(いっぺん)の長さは何cmですか。 [20点]

式

答え

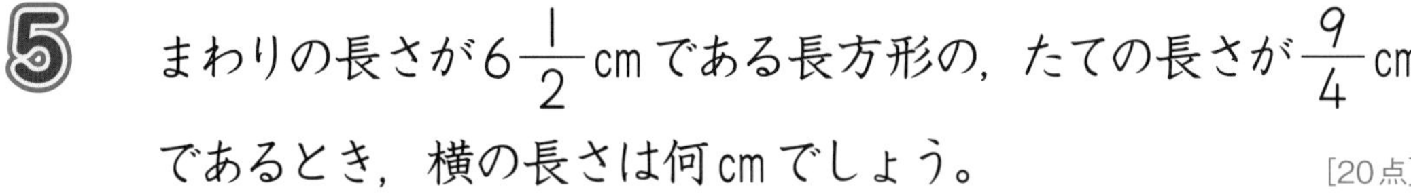

5 まわりの長さが$6\frac{1}{2}$cmである長方形の，たての長さが$\frac{9}{4}$cmであるとき，横の長さは何cmでしょう。 [20点]

式

答え

分数のかけ算・わり算 —— ③

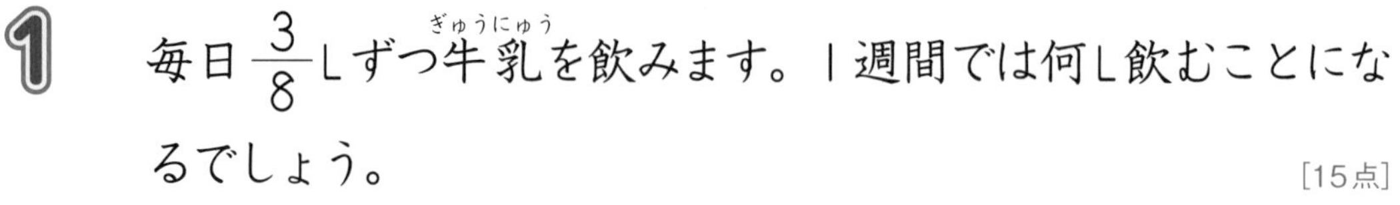

1 毎日 $\frac{3}{8}$ Lずつ牛乳を飲みます。1週間では何L飲むことになるでしょう。 [15点]

式

答え

2 横の長さが2cm，面積が $\frac{8}{3}$ cm^2 の長方形があります。たての長さは何cmでしょう。 [15点]

式

答え

3 水そうに $\frac{29}{3}$ Lの水を入れます。1分間に2Lずつ入れるとき，何分何秒かかりますか。 [15点]

式

答え

勉強した日　月　日

時間 20分　合格点 80点　答え 別冊5ページ

得点　点

色をぬろう　60　80　100

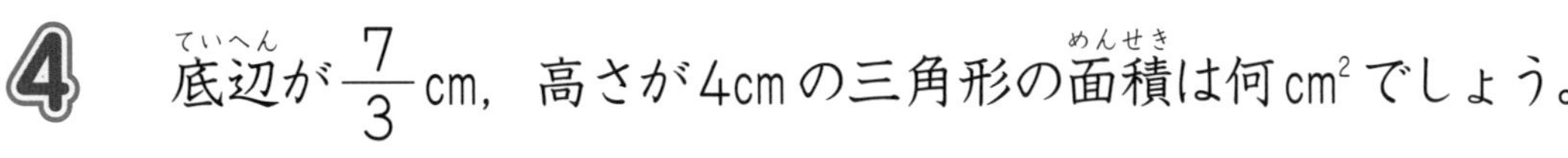

4 底辺(ていへん)が $\frac{7}{3}$ cm，高さが4cmの三角形の面積(めんせき)は何cm²でしょう。［15点］

式

答え

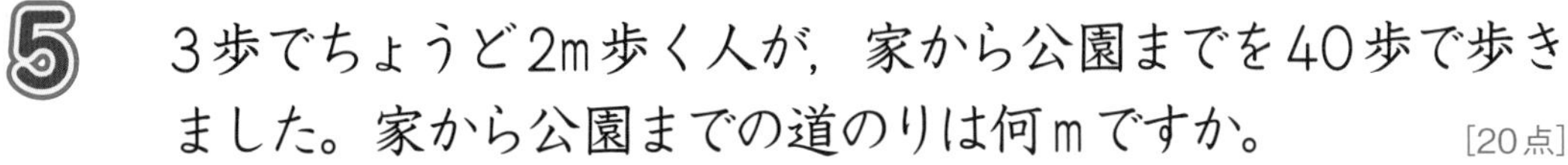

5 3歩でちょうど2m歩く人が，家から公園までを40歩で歩きました。家から公園までの道のりは何mですか。［20点］

式

答え

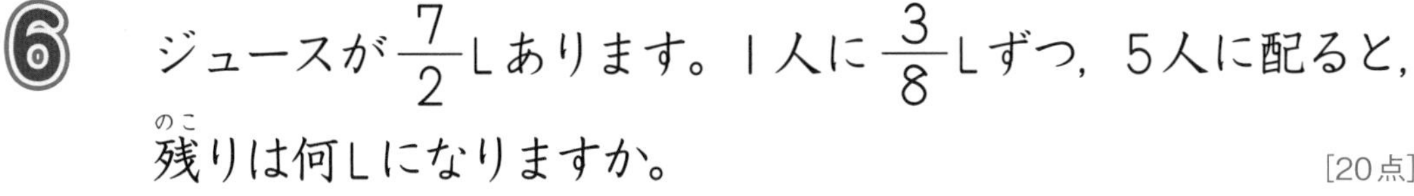

6 ジュースが $\frac{7}{2}$ Lあります。1人に $\frac{3}{8}$ Lずつ，5人に配ると，残(のこ)りは何Lになりますか。［20点］

式

答え

9 分数のかけ算・わり算 ― ④

問題 たてが$\frac{3}{7}$cm，横が$\frac{5}{8}$cmの長方形の面積を求めましょう。

考え方 分数になっても，整数の場合と同じように式を立てます。

分数に分数をかけるときは，分母どうし，分子どうしをかけます。

$$\frac{3}{7}\times\frac{5}{8}=\frac{3\times5}{7\times8}=\frac{15}{56}$$

$$\frac{○}{□}\times\frac{△}{◇}=\frac{○\times△}{□\times◇}$$

答え $\frac{15}{56}$cm²

1 あきらくんの体重は48kgで，弟の体重はあきらくんの$\frac{3}{4}$です。弟の体重は何kgですか。 [20点]

式

答え

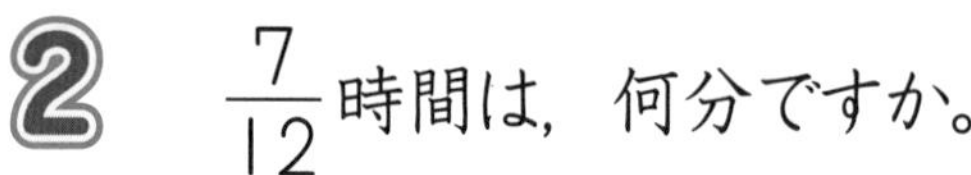

2 $\frac{7}{12}$時間は，何分ですか。 [20点]

式

答え

勉強した日　月　日

時間 20分　合格点 80点　答え 別冊6ページ　得点　点

色をぬろう 60 80 100

3 びんにジュースが750 mLあります。このうち，$\frac{8}{15}$にあたる量（りょう）を飲みました。飲んだジュースの量は何mLですか。［20点］

式

答え

4 1辺（いっぺん）の長さが$\frac{3}{4}$ cmである正方形の面積（めんせき）は何cm^2ですか。［20点］

式

答え

5 底辺（ていへん）の長さが$\frac{5}{6}$ cm，高さが$\frac{9}{10}$ cmの平行四辺形（しへんけい）の面積は何cm^2ですか。［20点］

式

答え

10 分数のかけ算・わり算 ―― ⑤

問題　長さが$\frac{2}{3}$mで，重さが$\frac{3}{4}$kgの鉄の棒（ぼう）があります。この鉄の棒1mの重さは何kgでしょう。

考え方　分数でわるときは，わる数の逆数（ぎゃくすう）（分母と分子を入れかえた数）をかけます。

$$\frac{○}{□} \div \frac{△}{◇} = \frac{○ \times ◇}{□ \times △}$$

1mの重さを□kgとすると，$□ \times \frac{2}{3} = \frac{3}{4}$

これより，$□ = \frac{3}{4} \div \frac{2}{3} = \frac{3}{4} \times \frac{3}{2} = \frac{3 \times 3}{4 \times 2} = \frac{9}{8}$

答え　$\frac{9}{8}$kg

1　$\frac{2}{3}$mのテープを3等分すると，1本の長さは何mになるでしょう。　［20点］

式

答え

2　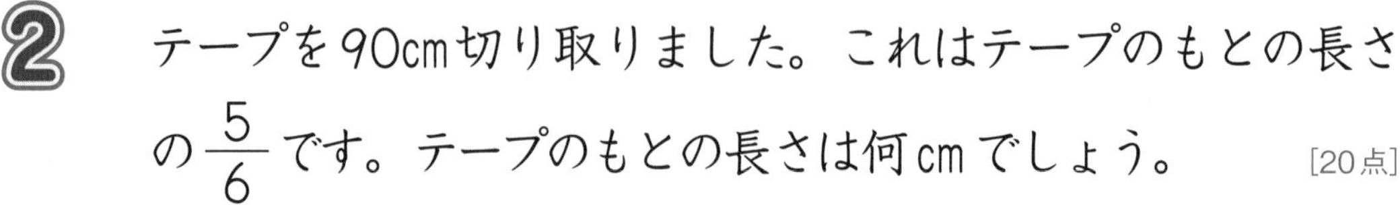
テープを90cm切り取りました。これはテープのもとの長さの$\frac{5}{6}$です。テープのもとの長さは何cmでしょう。　［20点］

式

答え

勉強した日　月　日　時間 20分　合格点 80点　答え 別冊6ページ　得点　点　色をぬろう 60 80 100

3 たての長さが $\frac{7}{3}$ cm，面積(めんせき)が $\frac{5}{2}$ cm^2 の長方形の横の長さは何cmですか。 [20点]

式

答え

4 $\frac{5}{2}$ Lのジュースを $\frac{1}{6}$ Lずつ分けると，何人に分けられますか。 [20点]

式

答え

5 姉は $\frac{8}{7}$ m，妹は $\frac{4}{3}$ mのリボンを持っています。姉のリボンの長さは妹のリボンの何倍ですか。 [20点]

式

答え

11 分数のかけ算・わり算 ―― ⑥

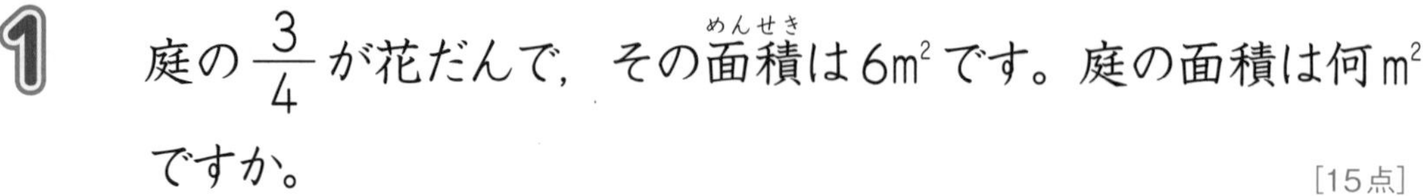

1 庭の $\frac{3}{4}$ が花だんで，その面積(めんせき)は6㎡です。庭の面積は何㎡ですか。 [15点]

式

答え

2 図書室で，先週本を借(か)りた人は90人でした。今週本を借りた人の数は，先週より $\frac{4}{15}$ だけふえました。今週は何人本を借りたでしょう。 [15点]

式

答え

3 みつきさんの組は35人で，そのうちの $\frac{1}{5}$ の人がかぜで学校を休みました。出席(しゅっせき)した人は何人でしょう。 [15点]

式

答え

勉強した日　月　日

時間 20分　合格点 80点　答え 別冊7ページ

得点　点

色をぬろう 60 80 100

4 底辺(ていへん)の長さが $\frac{5}{2}$ cm，高さが $\frac{8}{9}$ cm の三角形の面積(めんせき)は何 cm^2 ですか。［15点］

式

答え

5 たてが $\frac{2}{3}$ cm，横が $\frac{1}{4}$ cm の長方形のまわりの長さを求(もと)めましょう。［20点］

式

答え

6 長さ $\frac{7}{3}$ m のテープから，$\frac{2}{9}$ m のテープを６本切り取りました。残(のこ)りは何 m ですか。［20点］

式

答え

分数を小数で表すとき，小数点以下どこまでもわり進んでいくとどのようになるのかを調べてみよう。

● 分数を小数で表すとき，

分子÷分母

を計算します。たとえば，$\frac{3}{16}$の場合は，次のようにわり切れます。

$$\frac{3}{16}=3\div16=0.1875$$

では，わり切れない場合はどうなるのでしょう。

● $\frac{4}{27}$を小数で表すと，右の筆算から，

$$\frac{4}{27}=4\div27=0.148148\cdots$$

となり，小数点以下，148がくり返されます。右の筆算をくわしく見ると，①の

4÷27

で計算しはじめ，商が0.148と出たところで，②のように余りが4となり，また，

4÷27

を計算することになります。さらに，商が0.148148まで出たところで，③のように余りが4となり，また，同じわり算をくり返すのです。

```
        0.148148
27 ) 4.0        ←①
     27
     130
     108
      220
      216
②→     40
        27
        130
        108
         220
         216
③→         4
```

したがって，小数点以下，どこまでも148がくり返される小数になります。このような小数を，**循環小数**といいます。

● では，分子が分母でわり切れない分数は，同じように循環小数になるのでしょうか。

● $\frac{1}{7}$ を小数で表すと，右の筆算から，

$$\frac{1}{7} = 1 \div 7 = 0.142857142857\cdots$$

のように，小数点以下（いか），142857がくり返される循環（じゅんかん）小数となります。これは，①の $1 \div 7$ で計算しはじめて，②で余（あま）りが1となり，また，$1 \div 7$ の計算がくり返されることからわかります。

ここで，各回（かくかい）のわり算の余りを順（じゅん）に書くと，

3，2，6，4，5，1

のように，1から6までの整数になっています。

```
      0.142857
  7 ) 1.0      ←①
      7
      30
      28
       20
       14
        60
        56
         40
         35
          50
          49
  ②→       1
```

これは，7でわった余りですから，わり切れない場合は1から6までのどれかになることからもわかります。そして，わり進んでいくと，7回目には同じ余りになり，そこから同じ計算がくり返されるのです。

● 同じようにして，分子が分母でわり切れない分数について考えると，分子を分母でわったときの余りは，1から分母の数より1小さい数までのどれかになります。したがって，多くても分母の数の回数だけわり進んでいくと同じ余りが出て，そこから同じ計算がくり返されます。つまり，循環小数になるのです。

● では，どこまでも続（つづ）いていく小数で，循環小数でない小数には，どんなものがあるでしょう。円のところで学習した円周率（えんしゅうりつ）がそうです。

円周率＝3.141592653…

のように，どこまでも続く小数ですが，循環小数にはなりません。

比とその利用 ―― ①

問題 まさこさんの組の人数は，男子19人，女子20人です。男子と組全体の人数の比(ひ)を求(もと)めましょう。

考え方 組全体の人数は，

19＋20＝39(人)

ですから，男子19人に対して，組全体は39人の割合(わりあい)になっています。このことを，

19：39

と表します。このように表された割合を**比**といいます。

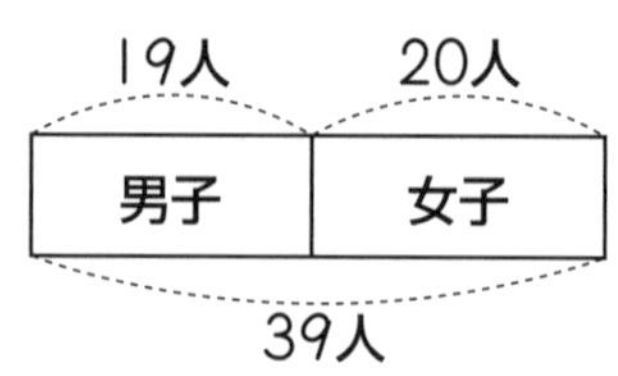

答え 19：39

1 たての長さが4cm，横の長さが5cmの長方形について，次の比を求めましょう。 ［1問　5点］

(1) たての長さと横の長さの比

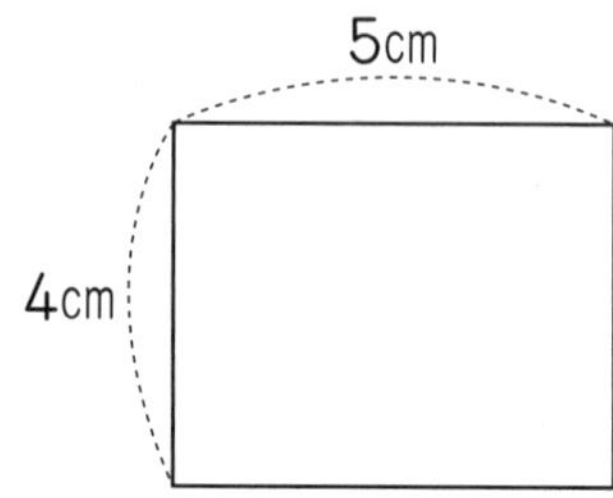

(2) 横の長さとたての長さの比

(3) たての長さとまわりの長さの比

(4) まわりの長さと横の長さの比

勉強した日　　月　　日

時間 20分　合格点 80点　答え 別冊8ページ

得点　　点

色をぬろう

2

7kmのハイキングコースのうち，3km歩きました。このとき，次の比(ひ)を求(もと)めましょう。 ［1問　10点］

(1) 歩いた道のりと全体の道のりの比

(2) 歩いた道のりと残(のこ)りの道のりの比

(3) 全体の道のりと残りの道のりの比

3

図の台形について，次の比を求めましょう。 ［1問　10点］

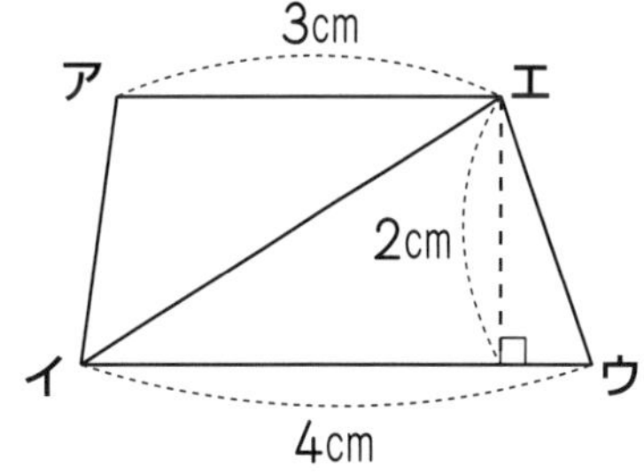

(1) 辺(へん)**アエ**と辺**イウ**の長さの比

(2) 辺**アエ**と高さの比

(3) 三角形**アイエ**と三角形**イウエ**の面積(めんせき)の比

(4) 三角形**アイエ**と台形**アイウエ**の面積の比

(5) 三角形**イウエ**と台形**アイウエ**の面積の比

13 比とその利用 ─ ②

問題 たてが50m，横が20mのプールがあります。たてと横の長さの比(ひ)を，できるだけ簡単(かんたん)な整数の比で表しましょう。

考え方 **x：yのxとyに同じ数をかけたり，同じ数でわったりしてできる比は，すべてx：yと等しい比です。** そのようにして比をできるだけ簡単な整数の比にします。

50と20は，どちらも10でわり切れるので，

50：20＝5：2

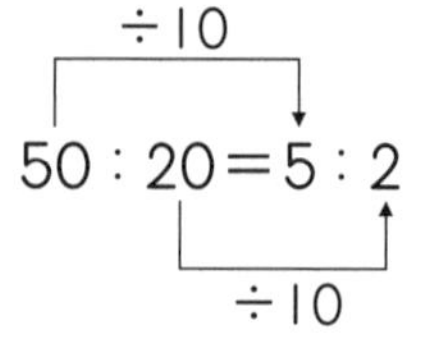

答え 5：2

次の比を，できるだけ簡単な整数の比にしましょう。 ［1問 10点］

(1) たて8cm，横12cmの長方形の，たてと横の長さの比

(2) 4分走って，14分歩いたときの，走った時間と歩いた時間の比

(3) 2.4kgと1.6kgの鉄の玉の重さの比

(4) 500mL入りと350mL入りのジュースのかさの比

勉強した日　　月　　日　　時間 20分　合格点 80点　答え 別冊9ページ　得点　　点　色をぬろう 60 80 100

2 ２つの正方形があり，１辺の長さはそれぞれ4cmと6cmです。この２つの正方形の面積の比を求めましょう。［20点］

式

答え

3 半径4cmの円と半径6cmの円があります。この２つの円の円周の長さの比を求めましょう。［20点］

式

答え

4 ２つの立方体があり，１辺の長さはそれぞれ3cmと6cmです。この２つの立方体の体積の比を求めましょう。［20点］

式

答え

14 比とその利用 ── ③

問題 図書館にある文学の本と科学の本の数の比(ひ)は9：4で，文学の本は630冊(さつ)です。科学の本は何冊でしょう。

考え方 科学の本がx冊あるとすると，

630：x＝9：4

となります。

630÷9＝70

ですから，xにあてはまる数は，4の70倍で，

4×70＝280

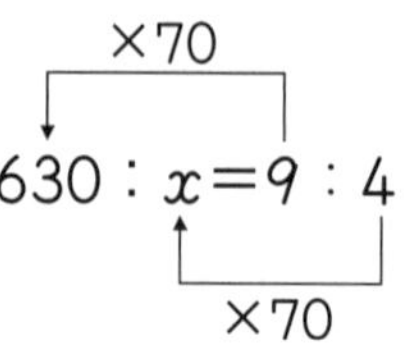

答え 280冊

1 たてと横の長さの比が4：5である長方形があります。たての長さが24cmのとき，横の長さは何cmですか。 [20点]

式

答え

2 底辺(ていへん)の長さと高さの比が7：4である平行四辺形(しへんけい)があります。高さが20cmのとき，底辺の長さは何cmですか。 [20点]

式

答え

勉強した日　月　日

時間 20分　合格点 80点　答え 別冊9ページ

得点　点

色をぬろう 60 80 100

3 小麦粉(こ)200gを使ってケーキを作ります。小麦粉とさとうの重さの比(ひ)が5：2のとき，さとうは何gいるでしょう。 [20点]

式

答え

4 リボンが2本あり，長さの比は5：7です。長い方が84cmのとき，短い方は何cmですか。 [20点]

式

答え

5 大きいポットと小さいポットにはいっているお湯の量(りょう)の比は4：3です。大きいポットに2.8Lはいっているとき，小さいポットには何Lはいっているでしょう。 [20点]

式

答え

比とその利用 ―― ④

問題 姉と弟が持っているお金の比は5：3で，その差は400円です。姉はいくら持っているでしょう。

考え方 姉の持っているお金をx円とすると，右の図より，

x：400＝5：2

400÷2＝200より，xにあてはまる数は，

5×200＝1000

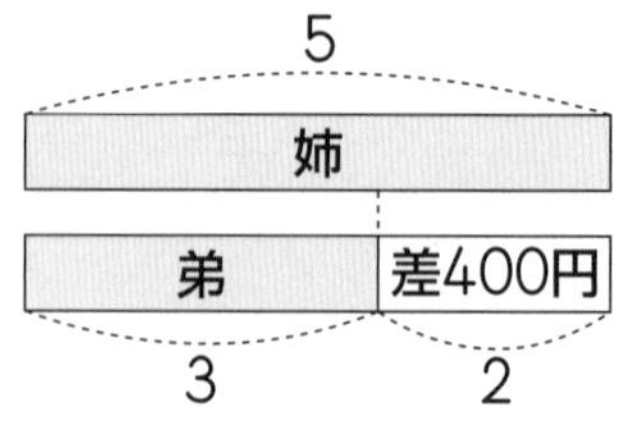

答え 1000円

1 6年3組の人数は34人で，男子と女子の比は9：8です。女子は何人でしょう。 [20点]

式

答え

2 800mLのジュースを，量の比が2：3になるように分けます。少ない方は何mLになるでしょう。 [20点]

式

答え

勉強した日　　月　　日

時間 20分　合格点 80点　答え 別冊10ページ

得点　　点

色をぬろう 60 80 100

3 兄は455円，弟は325円を出して，えんぴつを1ダース買いました。2人の出したお金の比と等しくなるようにえんぴつを分けるとき，兄と弟に分けられるえんぴつの本数を求めましょう。 [20点]

式

答え

4 長さ96cmの針金を折り曲げて，たてと横の長さの比が5：3の長方形を作ります。たてと横の長さは何cmになるでしょう。 [20点]

式

答え

5 よしこさんとえつこさんの持っているお金の比は6：5です。よしこさんがえつこさんに80円わたすと，2人の持っているお金は等しくなります。2人分合わせると何円になるでしょう。 [20点]

式

答え

16 およその面積と体積

問題 右の図は，池の形を，1目もりを1mとして方眼紙に写しとったものです。池のおよその面積を求めましょう。

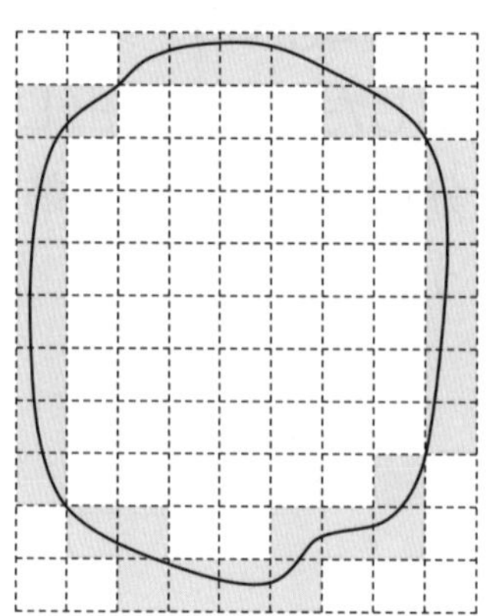

考え方 方眼1個分の面積は1m²です。池の線の内側にある方眼は54個です。また，池の線にかかっている方眼は32個で，これは方眼の面積の半分と考えて，求める面積は，

$54+32\div2=70(m^2)$

答え 70m²

1 次の図形を，長方形や三角形と考えて，およその面積を求めましょう。

［1問　20点］

(1)

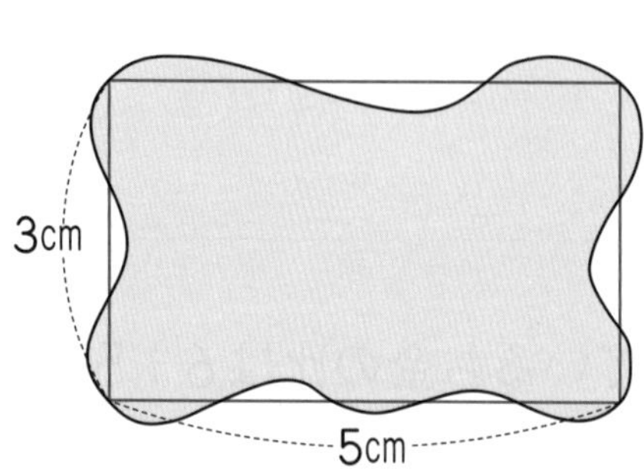

(2)

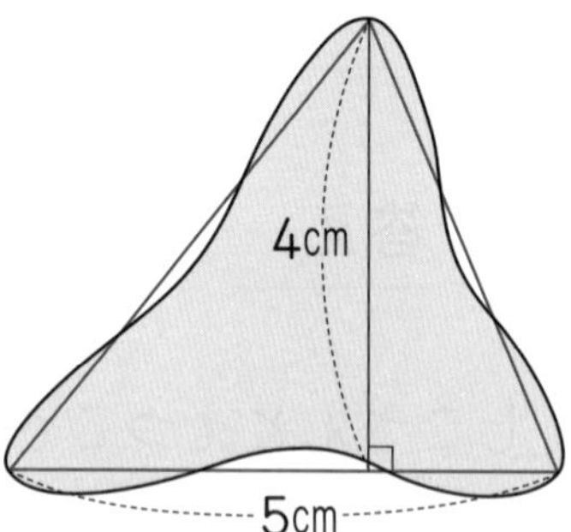

2 百科事典(じてん)のたて，横，厚(あつ)さをはかると，右の図のようになりました。この百科事典の形を直方体であると考えて，およその体積(たいせき)を求(もと)めましょう。 [20点]

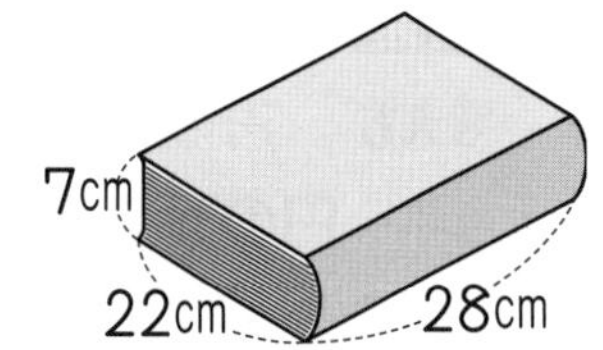

3 **ある県の形を，1目もりを10kmとして方眼紙(ほうがんし)に写しとりました。**

[1問 20点]

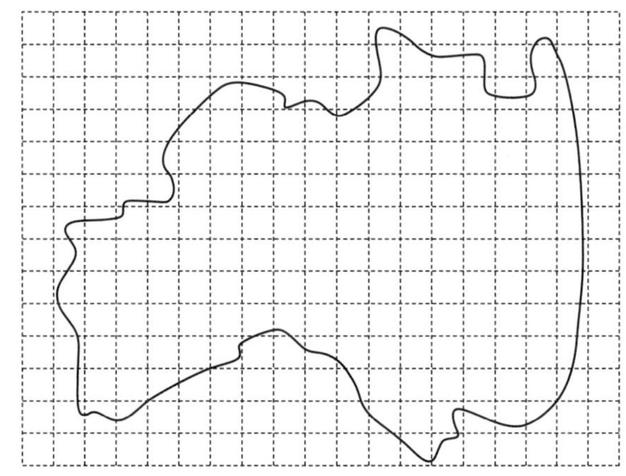

(1) 方眼1個(こ)分の面積は，何km^2になりますか。

(2) 線にかかっている方眼は，面積を半分と考えて，この県のおよその面積を求めましょう。

17 円の面積 — ①

問題 円周率を3.14として，半径4cmの円の面積を求めましょう。

考え方 円の面積は，

円の面積＝半径×半径×円周率

で求めます。

これより，半径4cmのときは，

4×4×3.14＝16×3.14＝50.24

となります。

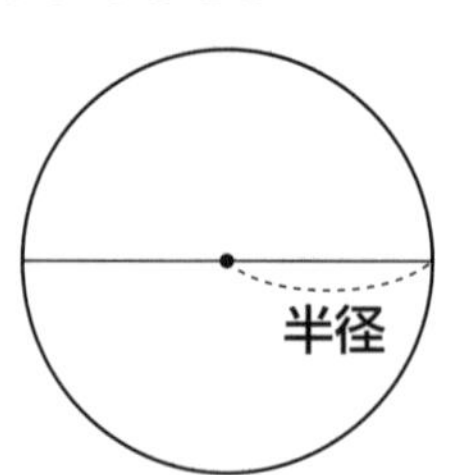

答え $50.24cm^2$

1 半径が3cmの円の面積を求めましょう。円周率は3.14として，計算しましょう。 [20点]

式

答え

2 直径が10cmの円の面積を求めましょう。円周率は3.14として，計算しましょう。 [20点]

式

答え

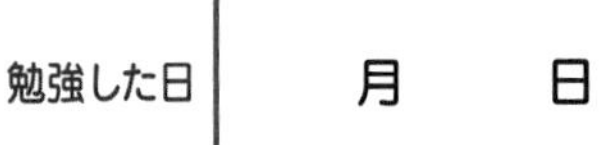

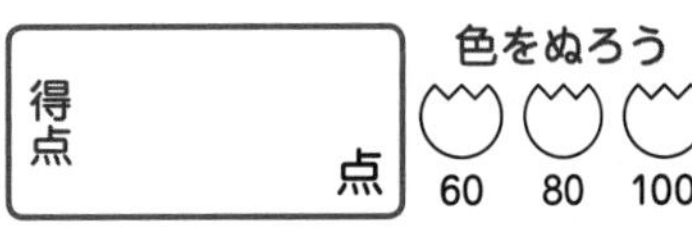

3 次の色をぬった部分の図形の面積(めんせき)を求(もと)めましょう。円周率(えんしゅうりつ)は3.14として，計算しましょう。 [1問 20点]

(1)

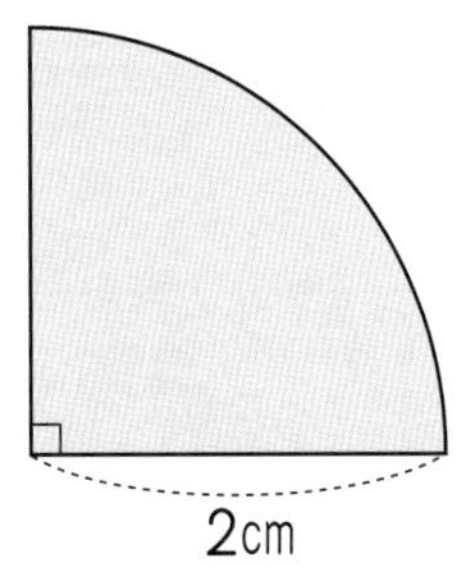

答え ＿＿＿＿＿＿＿＿

(2)

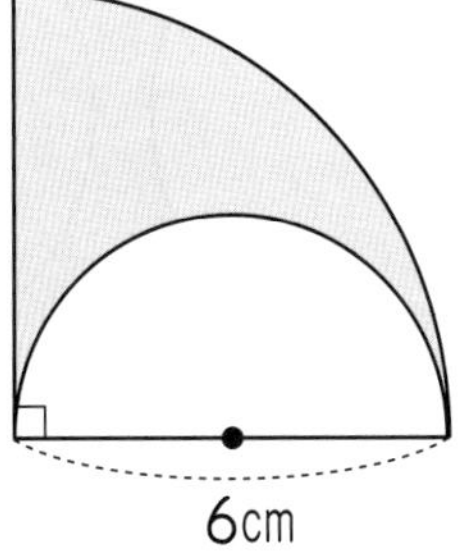

答え ＿＿＿＿＿＿＿＿

(3)

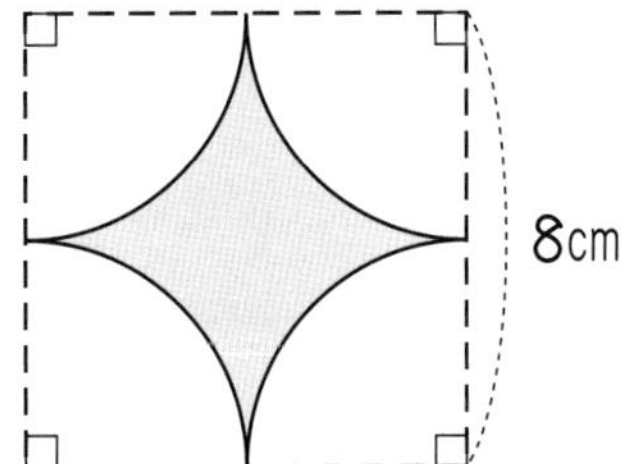

答え ＿＿＿＿＿＿＿＿

18 円の面積 ― ②

1 タイヤの直径が0.6mの自転車があります。タイヤが200回転したとき，この自転車は何m進むでしょう。円周率は3.14として，計算しましょう。 ［20点］

式

答え

2 **右の色をぬった部分の図形について，円周率を3.14として，次の問いに答えましょう。** ［1問 10点］

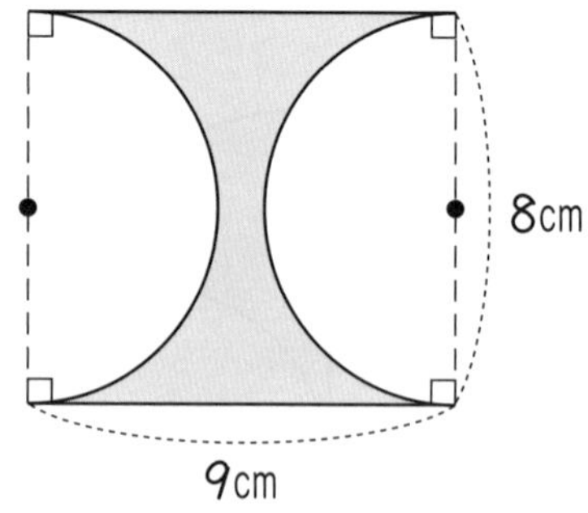

(1) まわりの長さを求めましょう。

式

答え

(2) 面積を求めましょう。

式

答え

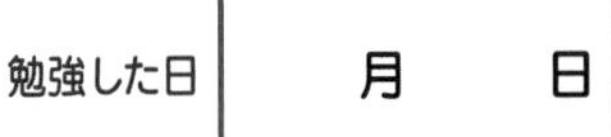

3 円周率(えんしゅうりつ)を3.14として，次の図形の面積(めんせき)を求(もと)めましょう。 [1問 20点]

(1)

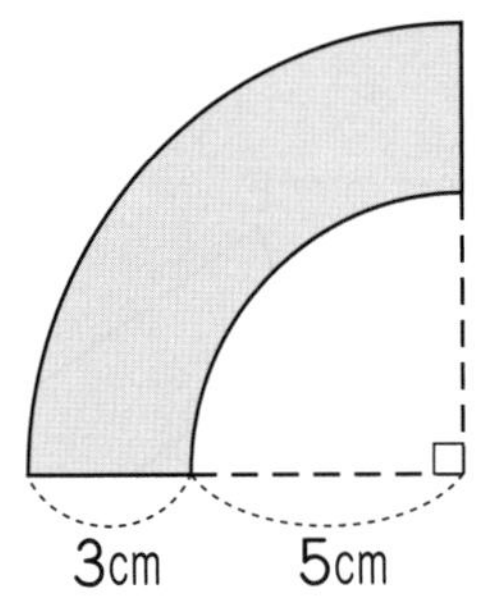

答え

(2)

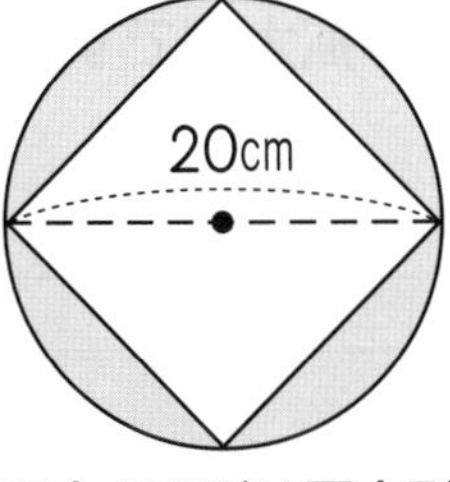

円内の図形は正方形

答え

(3)

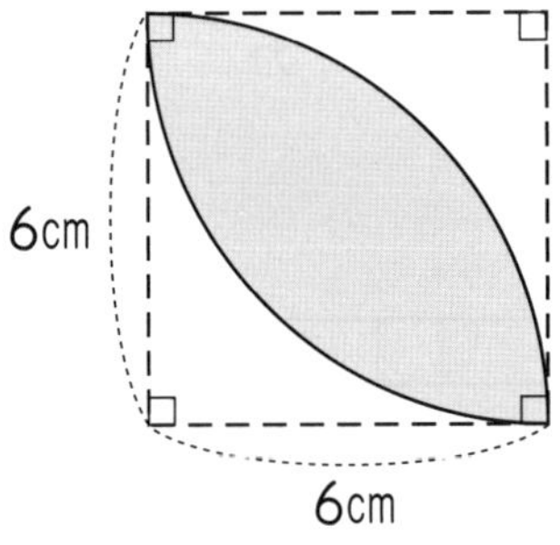

答え

19 拡大図と縮図 ―①

問題 右の図の三角形ABCを，点Aを中心として2倍した拡大図をかきましょう。

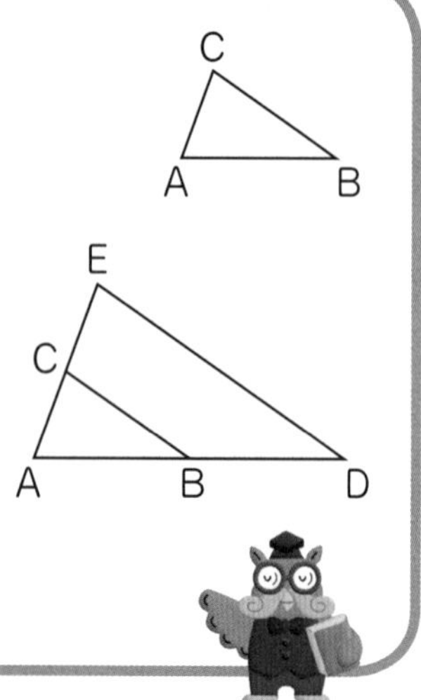

考え方 ある図形を，対応する角の大きさはそのままで，対応する辺の長さの比が等しくなるように大きくした図を**拡大図**，小さくした図を**縮図**といいます。
点Aを中心として拡大しますから，辺ABをBの方に2倍の長さにのばして点Dをとり，辺ACをCの方に2倍の長さにのばして点Eをとります。

答え 右の図の三角形ADE

1 次の図で，アの三角形の拡大図はどれで，何倍の拡大図ですか。また，縮図はどれで，何分の１の縮図ですか。 ［20点］

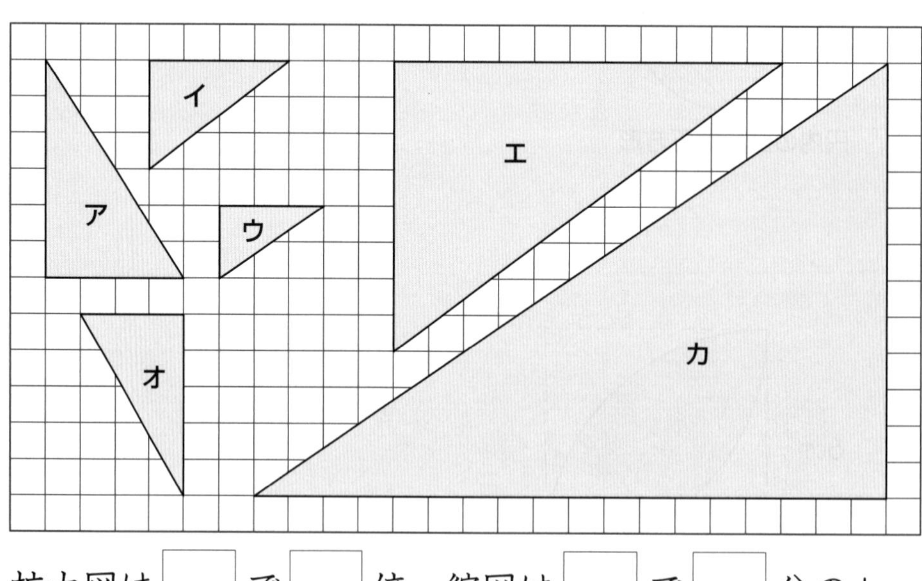

拡大図は □ で □ 倍，縮図は □ で □ 分の１

勉強した日　月　日　時間 20分　合格点 80点　答え 別冊 13ページ　得点　点　色をぬろう 60 80 100

2 次の図の，拡大図(かくだいず)や縮図(しゅくず)をかきましょう。 [1問　20点]

(1) 2倍の拡大図

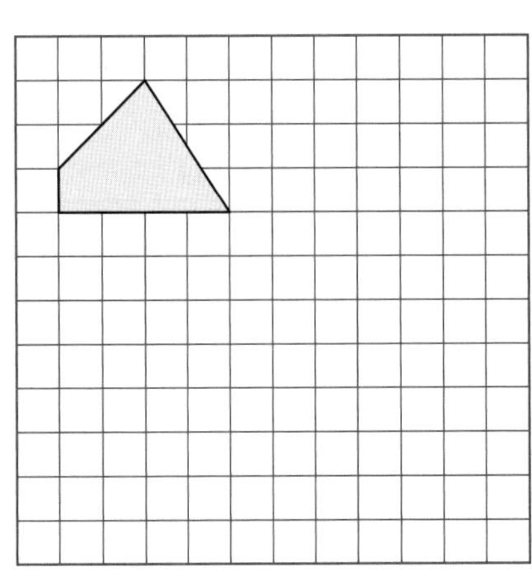

(2) $\frac{1}{4}$の縮図

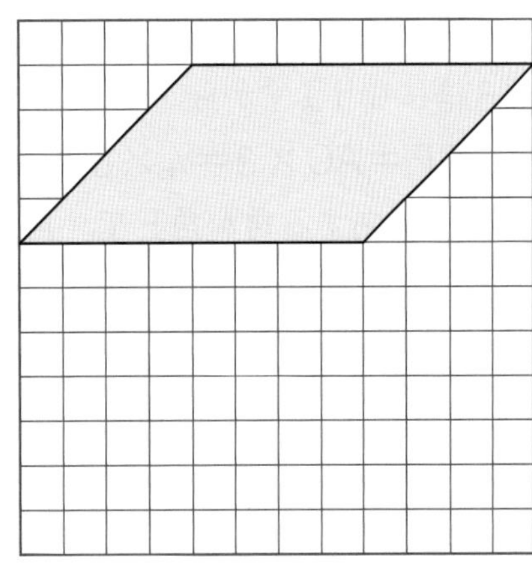

3 次の図の，点Aを中心とする拡大図や縮図をかきましょう。 [1問　20点]

(1) 三角形の1.5倍の拡大図

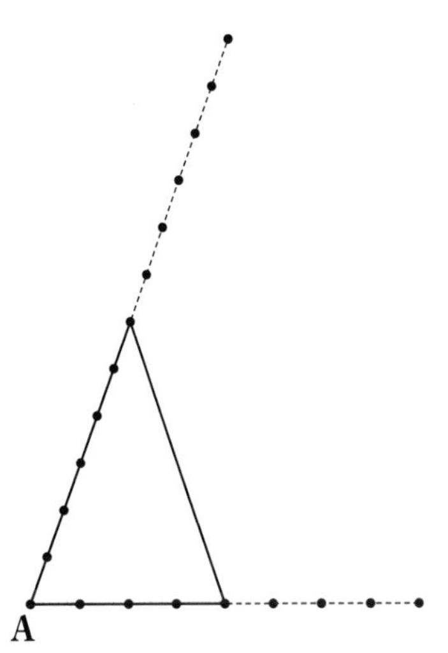

(2) 四角形の$\frac{2}{3}$の縮図

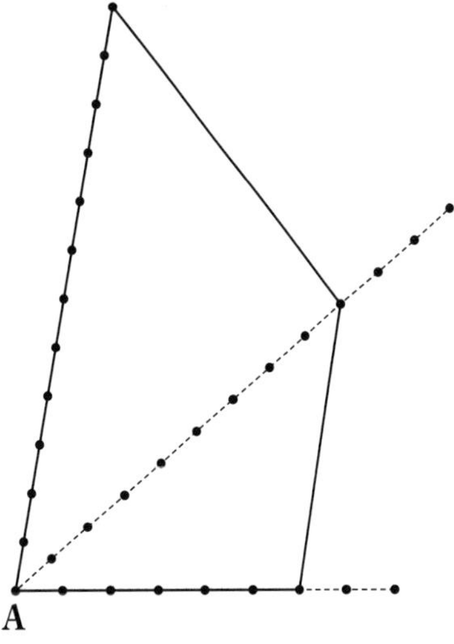

拡大図と縮図 ― ②

問題 右の図の三角形DEFは，三角形ABCの3倍の拡大図です。このとき，辺DFの長さと角Bの大きさを求めましょう。

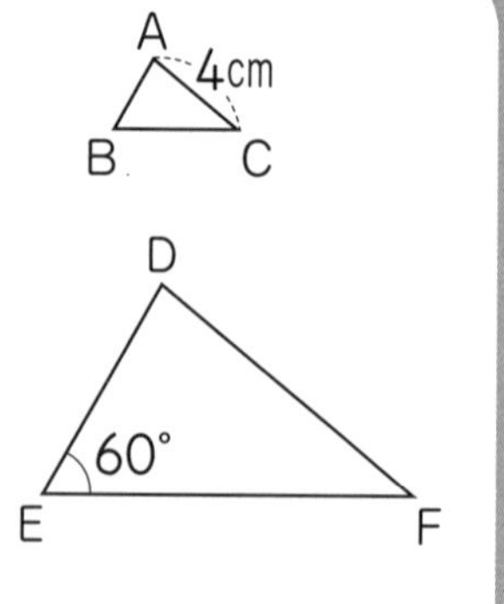

考え方 辺ACに対応する辺が辺DFで，その長さは3倍になりますから

DF＝AC×3＝4×3＝12(cm)

角Bに対応する角が角Eで，角の大きさは変わりませんから

角B＝角E＝60°

答え 辺DFは12cm，角Bは60°

1 右の図で，三角形ADEは三角形ABCの拡大図です。 ［1問 10点］

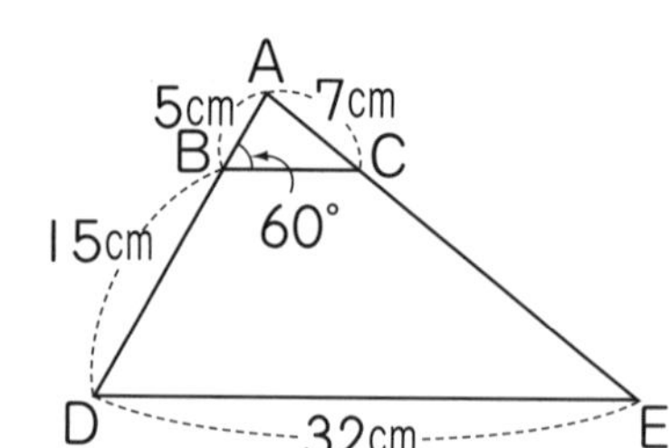

(1) 何倍の拡大図ですか。

(2) 辺AEの長さは何cmですか。

(3) 辺BCの長さは何cmですか。

(4) 角Dの大きさは何度ですか。

勉強した日　　月　　日

時間 20分　合格点 80点　答え 別冊 14ページ

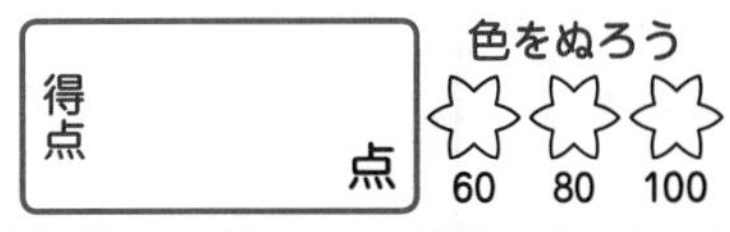

右の図で，三角形OCDは三角形OABの拡大図です。　［1問　10点］

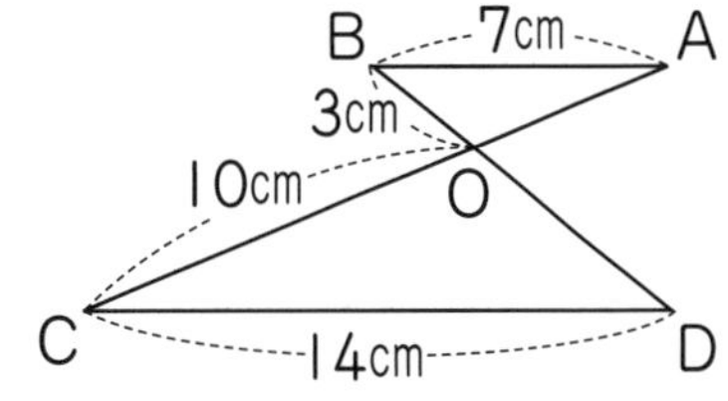

(1)　何倍の拡大図ですか。

(2)　辺OAの長さは何cmですか。

(3)　辺ODの長さは何cmですか。

3　たて2cm，横3cmの長方形があります。この長方形の5倍の拡大図をかくとき，次の問いに答えましょう。　［1問　10点］

(1)　拡大図の長方形のたての長さは何cmですか。

(2)　拡大図の長方形の横の長さは何cmですか。

(3)　拡大図の長方形の面積は，もとの長方形の面積の何倍ですか。

拡大図と縮図 ―― ③

1 右下の図のように，池のまわりに３地点Ａ，Ｂ，Ｃがあり，ＡＢは25m，ＢＣは20mで，角ＡＢＣは90°です。地点Ａから地点Ｃまでのきょりを求めるために，三角形ＡＢＣの縮図として三角形ＤＥＦをかきます。

［1問　10点］

(1) 辺ＤＥが5cmになるようにするとき，何分の１の縮図になりますか。

C
池
20m
A　25m　B

(2) 辺ＥＦの長さは何cmですか。

(3) 次の方眼を利用して，三角形ＤＥＦをかきましょう。

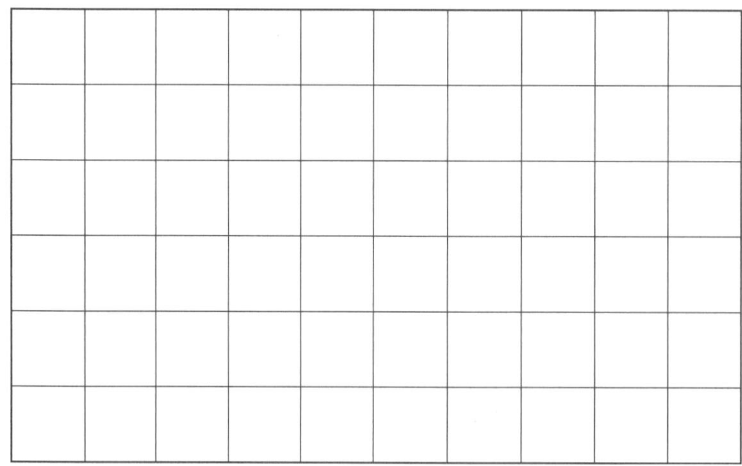

(4) 辺ＤＦの長さは何cmですか。定規ではかりましょう。

(5) 地点Ａから地点Ｃまでのきょりは何mですか。

勉強した日　　月　　日

時間 20分　合格点 80点　答え 別冊14ページ　得点　　点　色をぬろう 60 80 100

建物の高さを求めるために，建物から6mはなれたところに立って見上げる角をはかると76°でした。6mが1cmになるように縮図をかくと，右の図のようになりました。目の高さを1.2mとして，次の問いに答えましょう。　［1問　10点］

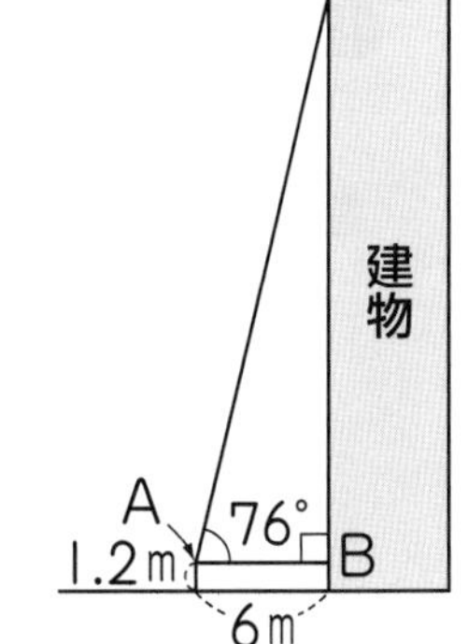

(1)　右の縮図において，BCの長さを定規ではかりましょう。

(2)　建物の実際の高さを求めましょう。

地面に垂直に長さ80cmの棒を立てると，かげの長さは50cmになりました。また，校庭の木のかげの長さは3mでした。　［1問　15点］

(1)　木のかげの長さは，棒のかげの長さの何倍ですか。

(2)　木の高さは何mですか。

22 拡大図と縮図 ── ④

問題 縮尺5万分の1の地図上でのきょりが4cmのとき，実際のきょりは何kmですか。

考え方 縮図で，長さを縮めた割合を縮尺といいます。このとき，次の関係が成り立ちます。

縮図上の長さ＝実際の長さ×縮尺

縮尺＝$\dfrac{\text{縮図上の長さ}}{\text{実際の長さ}}$

実際のきょりを$x$cmとすると

$$x \times \frac{1}{50000} = 4$$

$$x = 4 \times 50000 = 200000\text{(cm)}$$

200000cm＝2000m＝2kmとなります。

答え 2km

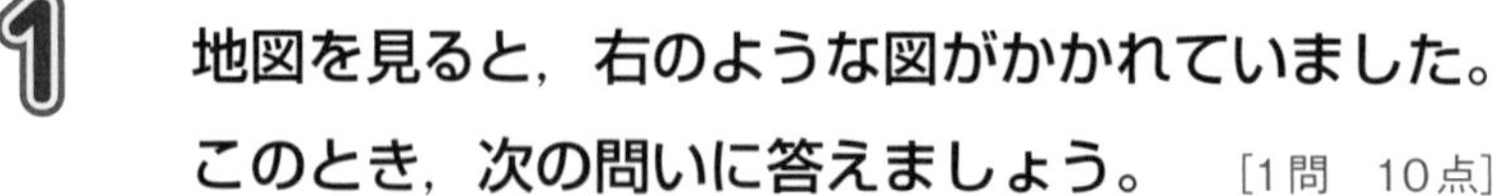

1 地図を見ると，右のような図がかかれていました。このとき，次の問いに答えましょう。 ［1問 10点］

(1) この地図で，地図上の1cmは実際の何kmですか。

(2) この地図で，実際の5kmは地図上では何cmですか。

(3) 縮尺を求めましょう。

2 **縮尺2万分の1の地図について，次の問いに答えましょう。** ［1問　10点］

(1)　地図上の1cmは，実際の何mですか。

(2)　実際の600mは，地図上の何cmですか。

(3)　地図上の15cmは，実際の何kmですか。

3 **縮尺4万分の1の地図上で，家から公園までは1.7cm，公園から駅までは3.3cmでした。** ［1問　20点］

(1)　家から公園を通って駅まで行くときの，実際の道のりは何kmですか。

(2)　家からスーパーまでは，1200mです。これは，地図上では何cmですか。

23 角柱と円柱の体積 ― ①

問題 底面の三角形の面積が8cm²で，高さが4cm である三角柱の体積は何cm³ですか。

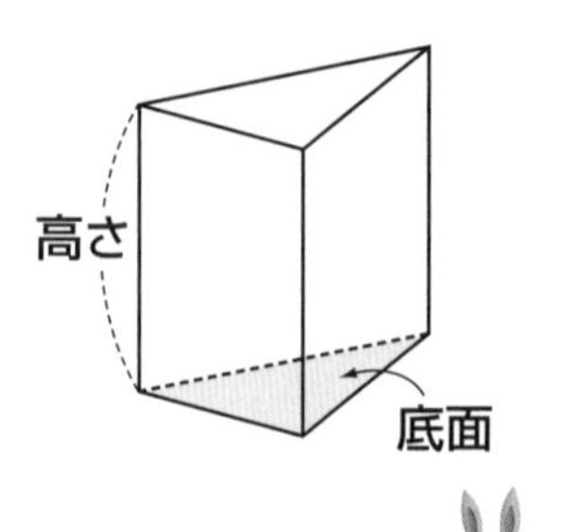

考え方 角柱の底面の面積を**底面積**といいます。

角柱の体積＝底面積×高さ

ですから

$8 \times 4 = 32$ (cm³)

答え 32cm³

1 底面の六角形の面積が7cm² で，高さが6cm である六角柱の体積は何cm³ ですか。 [20点]

式

答え

2 底面が，直角をはさむ2辺の長さが2cm と3cm の直角三角形で，高さが4cm である三角柱の体積は何cm³ ですか。 [20点]

式

答え

勉強した日　月　日

時間 20分　合格点 80点　答え 別冊15ページ

得点　点

色をぬろう 60 80 100

3 対角線の長さが6cmと8cmであるひし形を底面とする，高さ5cmの四角柱の体積は何cm^3ですか。 [20点]

式

答え

4 底面積が$4cm^2$，体積が$30cm^3$である五角柱の高さは何cmですか。 [20点]

式

答え

5 1辺8cmの正方形を底面とする高さ5cmの直方体から，図のように，等しい2辺の長さが2cmの直角二等辺三角形を底面とする高さ5cmの三角柱を4個切り取ってできる八角柱の体積は何cm^3ですか。 [20点]

式

答え

24 角柱と円柱の体積－②

問題 円周率を3.14として，右の図のような円柱の体積を求めましょう。

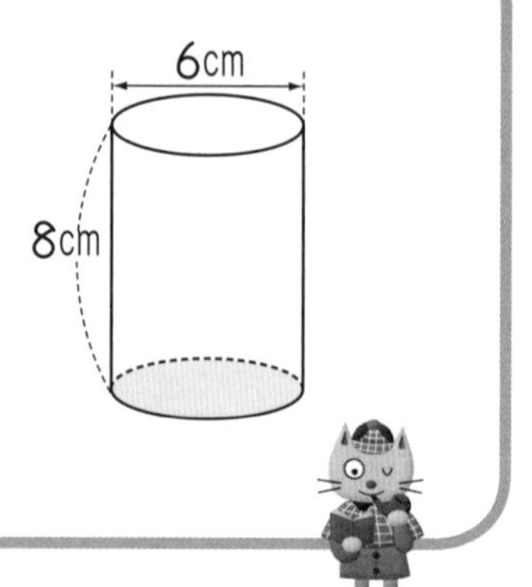

考え方 円柱の体積も

円柱の体積＝底面積×高さ

で求めます。底面の円の半径は3cmですから

3×3×3.14×8＝226.08（cm^3）

答え 226.08cm^3

1 円周率を3.14として，半径4cmの円を底面とする高さ3cmの円柱の体積を求めましょう。 ［20点］

式

答え

2 円周率を3.14として，直径4cmの円を底面とする高さ7cmの円柱の体積を求めましょう。 ［20点］

式

答え

勉強した日　　月　　日

時間 20分　合格点 80点　答え 別冊16ページ　得点　　点　色をぬろう 60 80 100

3 たて4cm，横20cm，厚さ1cmの直方体の板に，直径2cmの円の穴を5つあけました。円周率を3.14として，穴をあけた板の体積を求めましょう。［20点］

式

答え

4 直径8cmの円を底面とする高さ5cmの円柱を，底面の円の中心Oを通り，底面に垂直な2つの平面で切って4等分して得られる立体について考えます。［1問　20点］

A　O　B

(1) 円周率を3.14として，得られた立体の体積を求めましょう。

式

答え

(2) さらに，三角形OABを底面とする三角柱を除いた立体の体積を求めましょう。

式

答え

25 比例と反比例 ── ①

問題 分速60mでx分間歩いたときの道のりをymとして，xとyの関係を表す式を求めましょう。

考え方 **道のり＝速さ×時間**にあてはめて，

$y=60\times x$

となります。このように，xとyの間に，

y＝きまった数×x

の関係があるとき，yはxに**比例**するといいます。このとき，**xの値が2倍，3倍，4倍，…となると，それにともなってyの値も2倍，3倍，4倍，…となります。**

答え $y=60\times x$

1 次のア～オのうち，yがxに比例するものをすべて答えましょう。［40点］

ア　分速50mでx分間歩いたときの道のりym

イ　長さ80cmのリボンから$x$cm切り取った残りの長さ$y$cm

ウ　たて$x$cm，横5cmの長方形の面積$y$cm^2

エ　1辺の長さが$x$cmの正方形の面積$y$cm^2

オ　面積が24cm^{2}の長方形のたての長さ$x$cmと横の長さ$y$cm

答え

勉強した日　月　日

時間 20分　合格点 80点　答え 別冊16ページ

得点　　点

色をぬろう ☆60 ☆80 ☆100

2 次の x と y の関係(かんけい)を式で表しましょう。 ［1問　12点］

(1)　1辺(いっぺん)の長さが $x$cmの正方形のまわりの長さ $y$cm

答え

(2)　分速55mで x 分間歩いたときの道のり ym

答え

(3)　1分間に2Lずつ水そうに水を入れるとき，x 分後の水そうの水の量(りょう) yL

答え

(4)　3mの重さが36gの針金(はりがね)について，xmの重さ yg

答え

(5)　円周率(えんしゅうりつ)を3.14として，半径(はんけい) $x$cmの円の円周の長さ $y$cm

答え

26 比例と反比例 ―― ②

問題 時計の長針(ちょうしん)が108°回転するのに何分かかるでしょう。

考え方 1回転の角は360°ですから，1分間では，

360°÷60＝6°

だけ回転します。x分間に長針がy°だけ回転するとすると，

y＝6×x

となり，yはxに比例(ひれい)します。yに108を入れると，

108＝6×x

xにあてはまる数を求(もと)めると，

x＝108÷6＝18

答え 18分

1 2mの重さが30gの針金(はりがね)があります。この針金8mの重さは何gですか。 [20点]

式

答え

2 同じくぎ20本の重さをはかると50gでした。このくぎ70本の重さは何gになりますか。 [20点]

式

答え

勉強した日　　月　　日　　時間 20分　合格点 80点　答え 別冊17ページ　得点　　点　色をぬろう 60 80 100

3 6分間で3km走る車に乗っています。この車で45km走るには，何時間何分かかるでしょう。 [20点]

式

答え

4 100gが240円のお肉を買います。1000円では何gまで買うことができますか。小数第1位を切り捨てて答えましょう。 [20点]

式

答え

5 ばねにおもりをつるすと，ばねののびはおもりの重さに比例します。長さ10cmのばねに12gのおもりをつるすと6mmのびました。20gのおもりをつるすと，ばね全体の長さは何cmになるでしょう。 [20点]

式

答え

比例と反比例 ── ③

問題 水そうに水を入れるとき，時間と水そうの水の深さの変わり方をグラフにしました。水を x 分間入れるときの水そうの水の深さを y cmとして，x と y の関係を式で表しましょう。

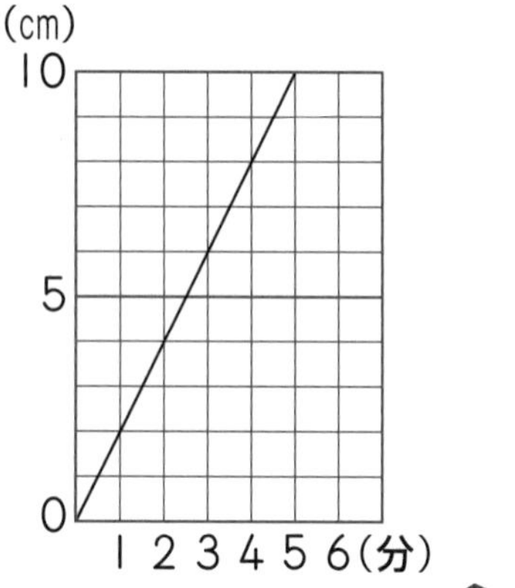

考え方 グラフから，1分間に2cmずつふえていることがわかります。これより，

$y = 2 \times x$

となります。

答え $y = 2 \times x$

1 5mの重さが60gの針金があります。 ［1問　20点］

(1) x mの針金の重さを y gとして，x と y の関係を式で表しましょう。

(2) 長さと重さの関係を表すグラフをかきましょう。

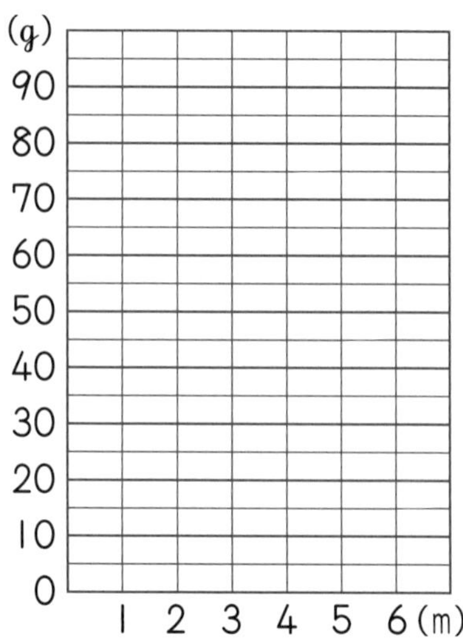

勉強した日　月　日

時間 20分　合格点 80点　答え 別冊17ページ　得点　点　色をぬろう 60 80 100

2 一定の速さで走る電車があります。この電車が走った時間と道のりの関係(かんけい)をグラフにしました。このとき，次の問いに答えましょう。　［1問　10点］

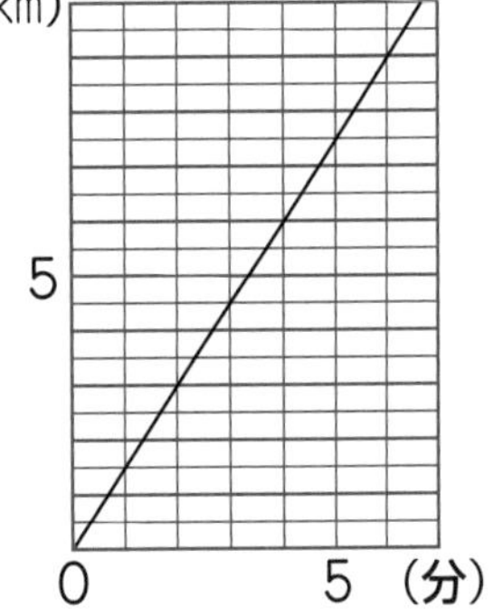

(1)　この電車は分速何kmで走っていますか。

(2)　電車がx分間に走る道のりを$y$kmとするとき，xとyの関係を式で表しましょう。

(3)　この電車は4分間で何km走りますか。

(4)　この電車は1時間30分で何km走りますか。

(5)　7.5kmの道のりを走るには，何分かかるでしょう。

(6)　120kmの道のりを走るには，何時間何分かかるでしょう。

28 比例と反比例 ── ④

問題 たて$x$cm，横$y$cmの長方形の面積が30cm^{2}であるとき，xとyの関係を表す式を求めましょう。

考え方 たて×横＝面積より　$x \times y = 30$　　よって　$y = 30 \div x$

このように，xとyの間に，**y＝きまった数÷x**の関係があるとき，yはxに**反比例**するといいます。このとき，xの値が2倍，3倍，4倍，…となると，それにともなってyの値は$\frac{1}{2}$倍，$\frac{1}{3}$倍，$\frac{1}{4}$倍，…となります。

答え　$y = 30 \div x$

1 次のア～オのうち，yがxに反比例するものをすべて答えましょう。

[40点]

ア　たて$x$cm，横4cmの長方形の面積$y$cm^2

イ　50本のえんぴつのうち，x本配ったときの残りの本数y本

ウ　長さ60cmのテープをx等分したときの1本の長さ$y$cm

エ　1辺の長さが$x$cmの正五角形のまわりの長さ$y$cm

オ　800mの道のりを，分速xmで歩いたときの時間y分

答え

勉強した日　月　日　時間 20分　合格点 80点　答え 別冊18ページ　得点　点　色をぬろう 60 80 100

2 プリントを，１分間に50枚印刷すると12分かかりました。同じ枚数のプリントを，１分間にx枚印刷するのにかかる時間をy分とするとき，次の問いに答えましょう。 [1問　10点]

(1) $x \times y$の値は，いつも同じになります。その値を求めましょう。

(2) １分間に60枚印刷するとき，かかる時間は何分ですか。

(3) ８分間で印刷するには，１分間に何枚印刷すればよいですか。

3 底辺が$x$cm，面積が12cm^{2}の三角形の高さを$y$cmとするとき，次の問いに答えましょう。 [1問　10点]

(1) $x \times y$の値は，いつも同じになります。その値を求めましょう。

(2) 底辺の長さが3cmのとき，高さは何cmですか。

(3) 高さが5cmのとき，底辺の長さは何cmですか。

29 比例と反比例 — ⑤

問題 水そうに，1分間にxLの水を入れるとき，いっぱいになるまでにかかる時間をy分として，xとyの関係をグラフに表すと，右のようになりました。xとyの関係を式で表しましょう。

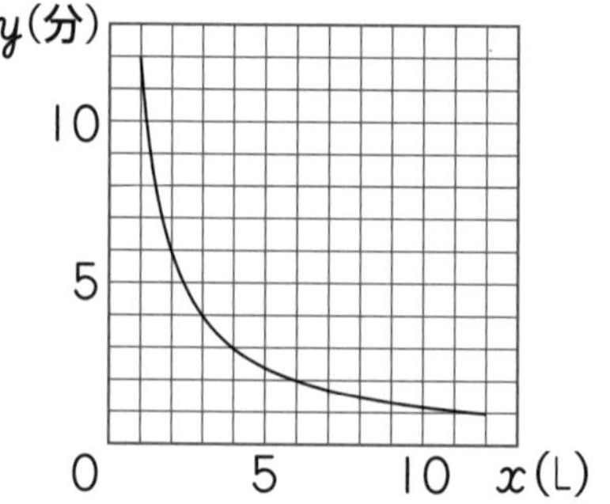

考え方 グラフから，1分間に3L入れると4分かかることがわかります。
これより，水そうにはいる水の量は，3×4＝12(L)ですから

$x \times y = 12$　　よって　$y = 12 \div x$

答え　$y = 12 \div x$

1 面積が一定である平行四辺形について，底辺の長さを$x$cm，高さを$y$cmとして，xとyの関係をグラフに表すと，次のようになりました。このとき，次の問いに答えましょう。　［1問　10点］

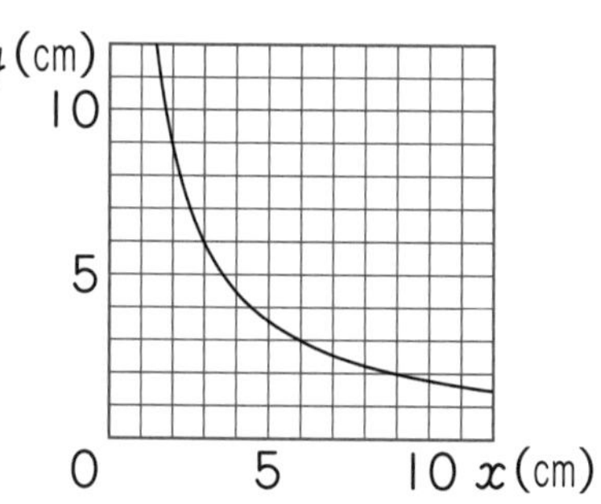

(1) この平行四辺形の面積を求めましょう。

(2) xとyの関係を表す式を求めましょう。

(3) $x = 5$のとき，yの値を求めましょう。

勉強した日　月　日　時間 20分　合格点 80点　答え 別冊18ページ　得点　点　色をぬろう 60 80 100

6kmの道のりを歩くとき，次の問いに答えましょう。　[1問　14点]

(1) 時速$x$kmの速さで歩くとy時間かかるとするとき，xとyの関係(かんけい)を表す式を求め(もと)ましょう。

(2) yの値(あたい)は整数または小数で表して，次の表を完成(かんせい)しましょう。

x	1	2	3	4	5	6
y						

(3) xとyの関係を表すグラフをかきましょう。

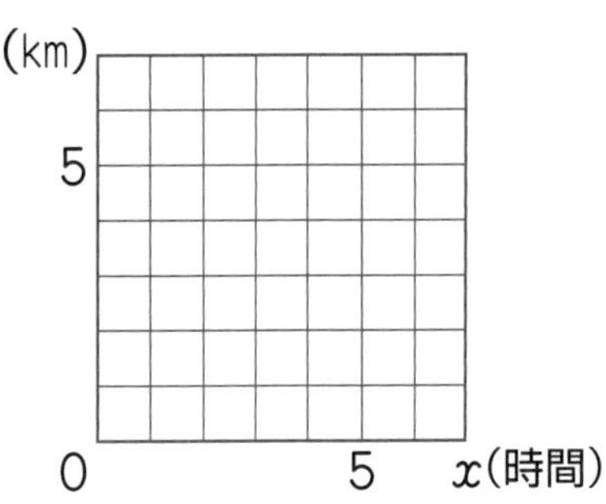

(4) $x=20$のときのyの値を，小数で答えましょう。

(5) xの値が大きくなると，yの値はどのようになりますか。

30 場合の数 ― ①

問題 [0], [1], [2], [3]の4枚のカードのうち，2枚をならべてできる2けたの整数は何通りあるでしょう。

考え方 十の位の数は0にはなりません。このことに気をつけて右のような**樹形図**をかきます。
また，十の位の数が1の場合も，2の場合も，3の場合も，それぞれ3通りずつありますから，
3×3＝9(通り)と計算することもできます。

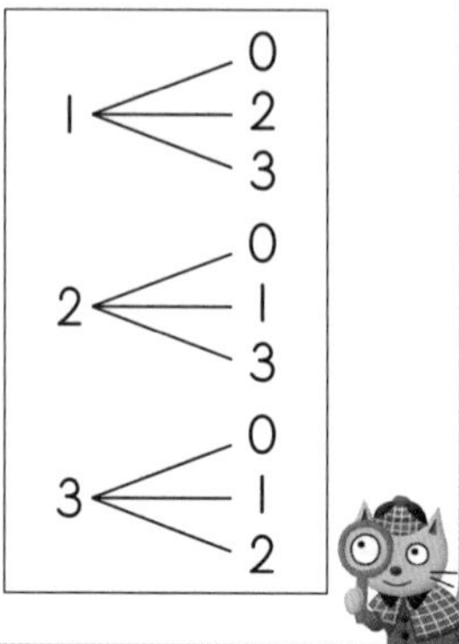

答え 9通り

1

[1], [2], [3], [4]の4枚のカードのうち，何枚かをならべて整数をつくります。 ［1問 10点］

(1) 2枚をならべてできる2けたの整数は何通りあるでしょう。

(2) 3枚をならべてできる3けたの整数は何通りあるでしょう。

(3) 4枚をならべてできる，2000以上3000未満の4けたの整数は何通りあるでしょう。

勉強した日　月　日　時間 20分　合格点 80点　答え 別冊19ページ　得点　点

大小2個(こ)のさいころを投げるとき，次の問いに答えましょう。

［1問　10点］

(1)　目の出方は全部で何通りあるでしょう。

(2)　目の数の和が7になるのは何通りあるでしょう。

(3)　目の数の和が5の倍数になるのは何通りあるでしょう。

3　**Aさん，Bさん，Cさん，Dさんの4人がいます。**　［1問　20点］

(1)　4人が1列にならぶとき，ならび方は全部で何通りあるでしょう。

(2)　4人でじゃんけんを1回するとき，グー，チョキ，パーの出し方は全部で何通りあるでしょう。

31 場合の数 ― ②

問題 A，B，C，Dの4チームで，どのチームもちがう相手と1試合ずつサッカーをするとき，全部で何試合になるでしょう。

考え方 A対BとB対Aは同じ対戦になることに注意して樹形図をかくと，右のようになり，6試合とわかります。
四角形の辺と対角線を合わせると6本になることからも，求めることができます。
また，どのチームも3試合ずつで，3×4＝12(試合)ですが，A対BとB対Aのように同じ対戦を数えていることから，12÷2＝6(試合)と計算することもできます。

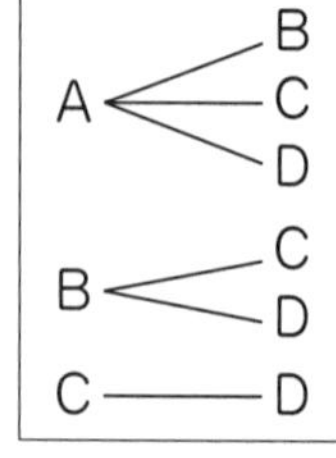

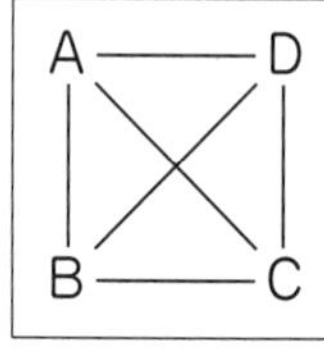

答え 6試合

A，B，C，D，Eの5文字から，何文字かを選びます。 [1問 15点]

(1) 2文字を選ぶとき，選び方をすべて書きましょう。

(2) 3文字を選ぶとき，選び方は全部で何通りあるでしょう。

勉強した日　月　日　時間 20分　合格点 80点　答え 別冊19ページ　得点　点

2 赤，青，黄，緑，黒，白の６色から何色かを選(えら)びます。 ［1問　15点］

(1) ２色の選び方は何通りあるでしょう。

(2) ３色の選び方は何通りあるでしょう。

3 5円玉，10円玉，50円玉，100円玉，500円玉がそれぞれ1枚(まい)ずつあります。このうちの２枚を使ってできる金額(きんがく)をすべて書きましょう。 ［20点］

4 1個(こ)20円と30円のおかしを組み合わせて250円分買います。何通りの買い方があるでしょう。ただし，どちらのおかしも，少なくとも1個は買うものとします。 ［20点］

32 資料の調べ方 — ①

問題 あるクラスの女子の10点満点(まんてん)の算数のテストの結果(けっか)は，次のようになりました。平均値(へいきんち)，中央値，最頻値(さいひんち)を求(もと)めましょう。

6，7，8，5，6，9，6，8，8，9，8，7

考え方 小さい順(じゅん)にならべると，次のようになります。

5，6，6，6，7，7，8，8，8，8，9，9

平均値は，(5＋6×3＋7×2＋8×4＋9×2)÷12＝7.25(点)

12人なので，中央値は6番目と7番目の平均で

(7＋8)÷2＝7.5(点)

最(もっと)も多いのは8点なので，最頻値は8点です。

答え 平均値7.25点，中央値7.5点，最頻値8点

1 次のデータは，16人のバスケットボールの選手(せんしゅ)がそれぞれ5回ずつシュートをして成功した回数です。 ［1問 10点］

4，0，5，4，1，4，2，4，3，4，4，5，0，2，3，3

(1) 回数を少ない順にならべましょう。

(2) 中央値を求めましょう。

(3) 最頻値を求めましょう。

(4) 平均値を求めましょう。

勉強した日　　月　　日

時間 20分　合格点 80点　答え 別冊20ページ　得点　　点　色をぬろう 60 80 100

2 次のデータは，10点満点の漢字テストの結果です。1人分だけ□で表しています。 [1問　10点]

5，6，4，8，□，9，8，6，10，8，7，4，6，8，9

(1) □以外の数を，小さい順にならべましょう。

(2) □にあてはまる数が7のとき，平均値を求めましょう。

(3) 平均値が6.8点のとき，□にあてはまる数を求めましょう。

(4) □にあてはまる数が6のとき，中央値を求めましょう。

(5) 中央値が8点のとき，□にあてはまる数は何通りありますか。

(6) □にあてはまる数が5のとき，最頻値を求めましょう。

33 資料の調べ方 ―― ②

1 6個パックの卵と，10個パックの卵の重さを調べると，次のようになりました。 [1問 10点]

6個パック 57g，60g，63g，62g，58g，63g

10個パック 61g，61g，59g，60g，62g，59g，61g，60g，62g，60g

(1) 6個パックの卵の重さの平均値を求めましょう。

(2) 10個パックの卵の重さの平均値を求めましょう。

(3) 6個パックの卵の重さを，図のように表しました。同じようにして，10個パックの卵について，図に表しましょう。

6個パック

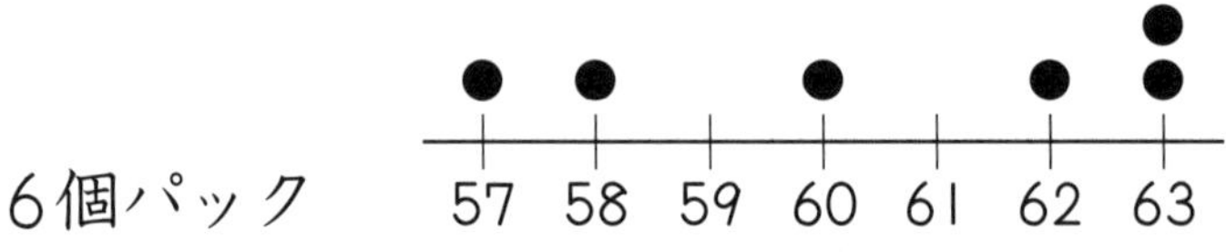

10個パック

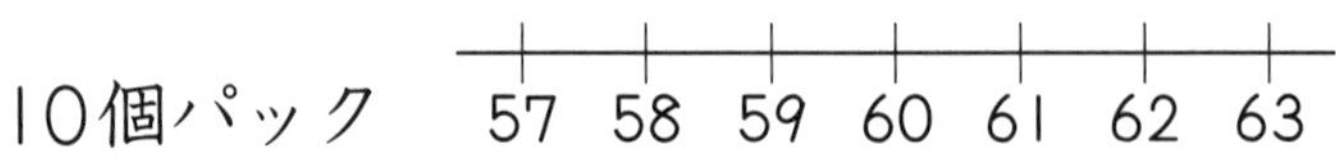

(4) (1)～(3)の結果から，6個パックと10個パックの卵について，どんなことがわかりますか。

勉強した日　　月　　日

時間 20分　合格点 80点　答え 別冊 20ページ　得点　　点　色をぬろう ☆60 ☆80 ☆100

2 25人で，１問正解すると１点としてクイズを５問出題したところ，得点は次のようになりました。　［1問　12点］

3点，1点，4点，2点，4点，5点，4点，1点，3点，
3点，4点，3点，2点，0点，4点，1点，4点，3点，
4点，2点，3点，2点，4点，1点，3点

(1) 得点を，次の表にまとめましょう。

得点	0	1	2	3	4	5	合計
人数							

(2) 最頻値は何点ですか。

(3) 2点以下の人は何人ですか。

(4) 中央値は何点ですか。

(5) 得点の平均値を求めましょう。

資料の調べ方 ―― ③

1 6年生のある組の，走りはばとびの記録を，260cm以上280cm未満の人をア，280cm以上300cm未満の人をイ，…というように階級に分けて，度数分布表にまとめました。 ［1問　10点］

	記　録	人数
ア	260 ～ 280 (以上～未満)	
イ	280 ～ 300	8
ウ	300 ～ 320	9
エ	320 ～ 340	3
オ	340 ～ 360	1
合　計		27

(1) 記録が300cmちょうどの人は，**ア～オ**のどの階級にはいっていますか。

(2) **ア**にはいる人数を求めましょう。

(3) 最も人数が多いのは，**ア～オ**のどの階級ですか。

(4) 300cm以上とんだ人は何人ですか。

(5) 中央値は，**ア～オ**のどの階級にはいっていますか。

勉強した日　月　日　時間 20分　合格点 80点　答え 別冊21ページ　得点　点　色をぬろう 60 80 100

2 **少年野球チームの選手の身長を調べると，次のようになりました。**

146.5，148.3，142.7，150.1，145.6，153.2，
149.6，151.8，153.7，154.5，147.6，149.3，
150.8，157.5，146.9，152.4，157.2，149.9，
151.9，143.7　**(単位cm)**

[1問　10点]

(1)　最も低い人の身長は何cmですか。

(2)　最も高い人の身長は何cmですか。

(3)　右の度数分布表のように，最も低い人は**ア**，最も高い人は**カ**にはいるようにするには，**ア**は140cm以上何cm未満にすればよいですか。整数で答えましょう。

	身長	人数
ア	以上 140 ～ 未満	
イ	～	
ウ	～	
エ	～	
オ	～	
カ	～	
合計		

(4)　度数分布表を完成しましょう。

(5)　最も人数の多いのは，**ア**～**カ**のどの階級でしょう。

資料の調べ方 ─ ④

右の柱状グラフは，６年生男子のソフトボール投げの記録です。

［1問　8点］

(人)
5
0　18　21　24　ア　30　33　36 (m)

⑴　柱状グラフのアにあてはまる数を答えましょう。

⑵　最も多いのは，何m以上何m未満の人ですか。

⑶　人数は全部で何人ですか。

⑷　30m未満の人の人数は何人ですか。

⑸　中央値がふくまれる階級は，何m以上何m未満ですか。

勉強した日　月　日　時間 20分　合格点 80点　答え 別冊22ページ　得点　点　色をぬろう 60 80 100

2 6年生20人の50m走の記録は，次のようになりました。

8.5，8.1，8.2，7.6，7.9，8.8，9.0，8.2，7.8，8.4，
8.6，7.7，8.2，9.2，8.9，8.0，8.2，9.0，8.1，8.7
(単位　秒)

［1問　30点］

(1) 0.4秒ごとに区切って，表と柱状グラフをかきましょう。

記　録	人数
7.4 以上 ～ 7.8 未満	
7.8 ～ 8.2	
8.2 ～ 8.6	
8.6 ～ 9.0	
9.0 ～ 9.4	
合　計	

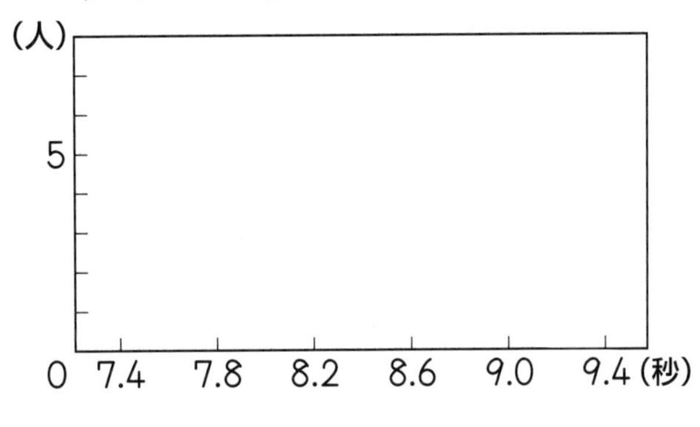

(2) 0.3秒ごとに区切って，表と柱状グラフをかきましょう。

記　録	人数
7.4 以上 ～ 7.7 未満	
7.7 ～ 8.0	
8.0 ～ 8.3	
8.3 ～ 8.6	
8.6 ～ 8.9	
8.9 ～ 9.2	
9.2 ～ 9.5	
合　計	

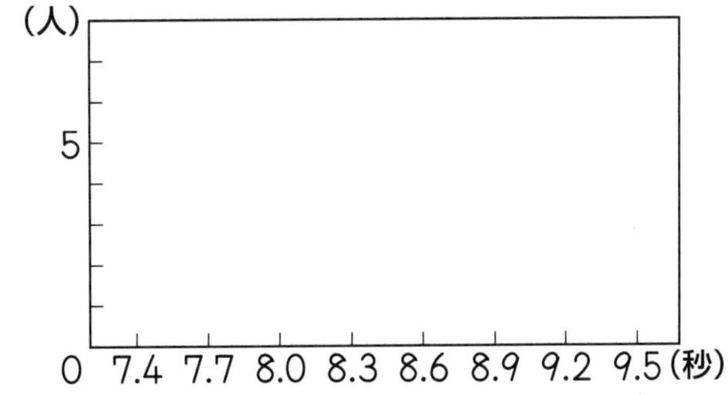

36 割合——①

問題 チーズを買ってきて，その20%を食べました。残りの重さは160gでした。買ってきたチーズの重さは何gでしょう。

考え方 残っているチーズの割合は，

100－20＝80

より，全体の80%です。

買ってきたチーズの重さをxgとすると，

x×0.8＝160

xにあてはまる数を求めると，

x＝160÷0.8＝200

80%　20%

160g

答え 200g

1 800円で仕入れた商品に，20%の利益を入れて定価をつけました。定価はいくらでしょう。 [20点]

式

答え

2 マフラーを，定価の15%引きの765円で買いました。定価はいくらでしょう。 [20点]

式

答え

勉強した日　月　日　時間 20分　合格点 80点　答え 別冊23ページ　得点　点　色をぬろう 60 80 100

3 植物園の今日の入場者数は845人で，これはきのうより30%多いそうです。きのうの入場者数は何人でしょう。［20点］

式

答え

4 500円で仕入れた商品に，30%の利益（りえき）を入れて定価（ていか）をつけましたが，売れないので定価の20%引きで売りました。利益は何円でしょう。［20点］

式

答え

5 よしこさんは，1200円持っていました。そのうちの40%で本を買い，残（のこ）りの25%でジュースを飲みました。残っているのは何円でしょう。［20点］

式

答え

37 割合 ― ②

1 2L入りのジュースを買いました。そのうちの$\frac{1}{8}$だけ飲みました。残(のこ)りは何Lでしょう。 [15点]

式

答え

2 家から学校までは400mで，学校から駅まではその$\frac{7}{8}$です。家から学校を通って駅へ行くときの道のりは何mでしょう。 [15点]

式

答え

3 先週，図書室で本を借(か)りた人の$\frac{3}{5}$は女子で，そのうちの$\frac{5}{9}$にあたる35人が物語の本を借りました。先週本を借りた人は何人でしょう。 [15点]

式

答え

勉強した日　月　日　時間 20分　合格点 80点　答え 別冊24ページ　得点　点　色をぬろう 60 80 100

4 ある中学校の入学者数は，去年は２年前の $\frac{1}{10}$ だけへり，今年は去年の $\frac{1}{9}$ だけへって，112人でした。２年前の入学者数は何人だったでしょう。［15点］

式

答え

5 ようこさんは，1500円持っていました。そのうちの $\frac{3}{4}$ でかばんを買い，残(のこ)りの $\frac{1}{3}$ でハンカチを買いました。ハンカチは，いくらで買ったでしょう。［20点］

式

答え

6 ある日の夜の長さは，昼の長さの $\frac{5}{7}$ でした。この日の昼の長さを求(もと)めましょう。［20点］

式

答え

38 割合 — ③

問題 170gの水に30gの食塩をとかして，食塩水をつくりました。とけている食塩は，食塩水の何％でしょう。

考え方 食塩水の問題では，食塩と食塩水がそれぞれ何gになるかを考えます。

食塩水は，170＋30＝200(g)

そのうち，食塩は30gですから，その割合は，

30÷200＝0.15

この食塩水を，**15％の食塩水**といいます。

食塩 30g　水170g
食塩水 200g

答え 15％

1 240gの水に，食塩を10gとかしました。とけている食塩は，食塩水の何％でしょう。 [20点]

式

答え

2 5％の食塩水を300gつくります。何gの水に何gの食塩をとかすとよいでしょう。 [20点]

式

答え

勉強した日　月　日　時間 20分　合格点 80点　答え 別冊25ページ　得点　点　色をぬろう 60 80 100

3 10%の食塩水(しょくえん)が450gあります。この食塩水に水を50g入れると，何%の食塩水になりますか。 [20点]

式

答え

4 4%の食塩水が375gあります。この食塩水に食塩を25g入れると，何%の食塩水になりますか。 [20点]

式

答え

5 4%の食塩水250gと12%の食塩水150gをまぜると，何%の食塩水になりますか。 [20点]

式

答え

39 表の利用

問題 100gの水にさとうをとけるだけとかすと，20度のときは204g，60度のときは287gとけます。60度の水50gにさとうをとけるだけとかし，そのさとう水を20度まで冷(ひ)やすと，とけずに出てくるさとうは何gでしょう。

考え方 水100gの場合で考えると，とけずに出てくるさとうは，

287－204＝83(g)

100gの半分が50gですから，求(もと)めるさとうの量(りょう)は，

83÷2＝41.5(g)

答え 41.5g

1 水温が20度，40度，60度，80度の水100gに食塩(しょくえん)をとけるだけとかし，とけた食塩の重さを表にまとめました。 [1問　20点]

水温(度)	20	40	60	80
食塩(g)	36	36.6	37.3	38.4

(1) 80度の水200gに食塩をとけるだけとかし，水温を40度まで下げると，とけずに出てくる食塩は何gでしょう。

(2) 20度の水100gに食塩をとけるだけとかしたとき，およそ何%の食塩水になりますか。上から2けたのがい数にして答えましょう。

勉強した日　月　日　時間 20分　合格点 80点　答え 別冊26ページ　得点　点　色をぬろう 60 80 100

水温が20度，40度，60度，80度の水100gにさとうをとけるだけとかし，とけたさとうの重さを上から2けたのがい数にして表にまとめました。

水温(度)	20	40	60	80
さとう(g)	200	240	290	360

[1問　15点]

(1) 40度の水50gに，さとうをとけるだけとかしてできるさとう水の重さは何gになりますか。

(2) 20度の水100gに，さとうをとけるだけとかしてさとう水をつくると，何%のさとう水ができますか。上から2けたのがい数にして答えましょう。

(3) 80度の水200gに，さとうをとけるだけとかし，水温が40度になるまで冷(ひ)やしました。とけずに出てくるさとうは何gでしょう。

(4) 80度の水で75%のさとう水を400gつくりました。このさとう水が40度になったとき，とけずに出てくるさとうは何gでしょう。

40 問題の考え方 ─ ①(年令算)

問題 あきこさんは11才で，お父さんは39才です。お父さんの年令があきこさんの年令の3倍になるのは何年後ですか。

考え方 **2人の年令差は，39－11＝28**
これは，何年後でも変わらない。右の図より，お父さんの年令があきこさんの年令の3倍になるとき，年令差はあきこさんの年令の2倍だから，28÷2＝14
あきこさんが14才になるのは，14－11＝3より，3年後です。

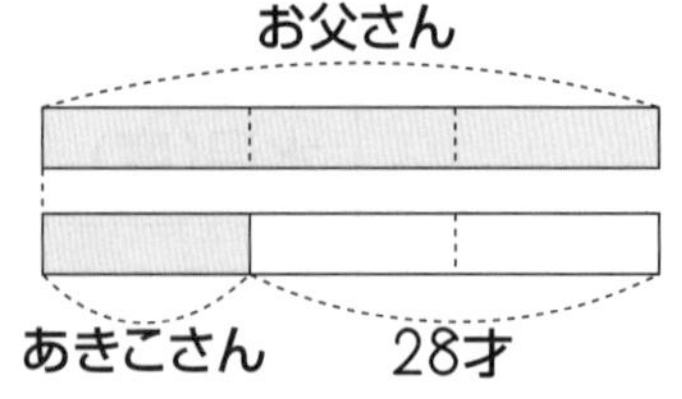

答え 3年後

1 おさむくんは7才で，お母さんは34才です。お母さんの年令がおさむくんの年令の4倍になるのは何年後ですか。 [20点]

式

答え

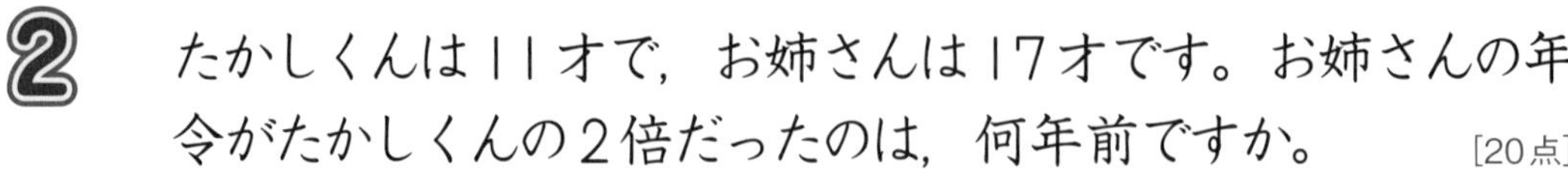

2 たかしくんは11才で，お姉さんは17才です。お姉さんの年令がたかしくんの2倍だったのは，何年前ですか。 [20点]

式

答え

勉強した日　月　日

時間 20分　合格点 80点　答え 別冊27ページ

得点　点

色をぬろう ☆60 ☆80 ☆100

3 兄は13才，弟は9才です。兄の年令（ねんれい）と弟の年令の比（ひ）が5：4になるのは，何年後ですか。

［20点］

式

答え

4 現在（げんざい），弟と妹の年令の和は私（わたくし）の年令になります。5年後には，私の年令と，弟と妹の年令の和の比は3：4になります。現在，私は何才でしょう。

［20点］

式

答え

5 現在，私と妹の年令の和は20才です。私が今の妹の年令だったとき，私の年令は妹の年令の2倍でした。現在，私は何才ですか。

［20点］

式

答え

41 問題の考え方 ― ②(仕事算)

問題 兄と弟でかべにペンキをぬります。兄1人では15分，弟1人では30分かかります。2人でぬると，何分でぬり終わるでしょう。

考え方 **かべぬりの仕事の量(りょう)全体を1として，1分あたりの仕事の量を考えます。**

1分間で，兄はかべ全体の$\frac{1}{15}$，弟は$\frac{1}{30}$ぬることができます。

2人合わせると，1分間に，かべ全体の

$$\frac{1}{15}+\frac{1}{30}=\frac{2}{30}+\frac{1}{30}=\frac{3}{30}=\frac{1}{10}$$

だけ，ぬることができます。

したがって，かかる時間は，

$$1\div\frac{1}{10}=10(分)$$

となります。

答え 10分

1 水道管(かん)を使って，360Lの水がはいる水そうに水を入れます。大きい管だけで水を入れると30分かかります。小さい管だけで水を入れると45分かかります。両方の管を同時に使うと，何分でいっぱいになるでしょう。 [25点]

式

答え

勉強した日　　月　　日

時間 20分　合格点 80点　答え 別冊 28ページ

得点　　点

色をぬろう 60 80 100

2 5分間に1200枚印刷できる印刷機と，7分間に1120枚印刷できる印刷機があります。2台の印刷機を同時に使うと，10000枚印刷するのに何分かかるでしょう。 [25点]

式

答え

3 水道管で水そうに水を入れるのに，大きい管だけでは20分，小さい管だけでは30分かかります。両方の管を同時に使うと，何分でいっぱいになるでしょう。 [25点]

式

答え

4 けいこさんは，家から学校まで行くのに，歩くと15分，走ると6分かかります。今日は，10分歩いたところで，おくれそうになったので学校まで走りました。走った時間は何分でしょう。 [25点]

式

答え

42 問題の考え方 ―― ③(通過算)

問題 長さ150mの電車が，秒速25mで走っています。この電車が長さ750mのトンネルにはいりはじめてから出てしまうまでに何秒かかるでしょう。

考え方 図のように，電車はトンネルの長さと電車の長さを合わせた長さを，秒速25mで走りますから，かかる時間は，

$(750+150)\div 25=900\div 25=36$

答え 36秒

1 秒速20mで走る長さ120mの電車が，長さ800mの橋をわたりはじめてから，わたり終わるまでに何秒かかるでしょう。

［20点］

式

答え

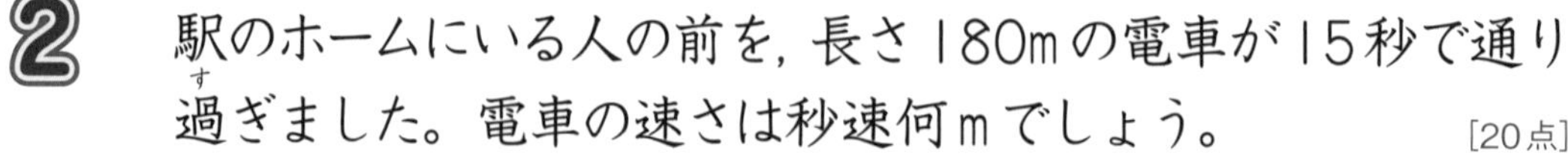

2 駅のホームにいる人の前を，長さ180mの電車が15秒で通り過(す)ぎました。電車の速さは秒速何mでしょう。 ［20点］

式

答え

勉強した日　月　日　　時間 20分　合格点 80点　答え 別冊29ページ　得点　点　色をぬろう 60 80 100

3 秒速10mで走る長さ15mのバスが，橋をわたりはじめてから，わたり終わるまでに45秒かかりました。この橋の長さは何mでしょう。 [20点]

式

答え

4 秒速15mで走る長さ140mの電車が，長さ830mのトンネルにうしろまではいってから，トンネルを出はじめるまでにかかる時間は何秒でしょう。 [20点]

式

答え

5 秒速20mで走る長さ130mの上り電車と，秒速25mで走る下り電車が，出会ってからはなれるまでに5秒かかりました。下り電車の長さは何mでしょう。 [20点]

式

答え

43 問題の考え方 ―― ④（旅人算）

問題 1周1500mのコースを，たかしくんは分速145m，おさむくんは分速155mで，同時に同じところから反対方向に走りはじめました。2人は何分後に出会うでしょう。

考え方 2人の速さを合わせると，145＋155＝300
これより，2人は1**分間に300mずつ近づきます。**
2人が出会うまでにかかる時間は，
1500÷300＝5（分）

答え 5分後

1 まさみさんは家から720mはなれた駅まで分速50mで歩きます。兄は駅から家まで分速70mで歩きます。2人が家と駅を同時に出発するとき，出会うのは出発してから何分後ですか。 [20点]

式

答え

2 1周840mのジョギングコースを，なおこさんは分速160m，みかさんは分速120mで，同時に同じところから反対方向に走りはじめました。2人は何分後に出会うでしょう。 [20点]

式

答え

勉強した日　月　日　時間 20分　合格点 80点　答え 別冊30ページ　得点　点　色をぬろう 60 80 100

3 ゆきさんが家を出て分速50mで駅へ歩いています。ゆきさんが600m歩いたとき，お母さんが分速250mの自転車で追いかけました。お母さんは家を出てから何分以内(いない)にゆきさんに追いつきますか。 [20点]

式

答え

4 1周(しゅう)950mのジョギングコースを，なおこさんは分速160mで走り，くみさんは分速350mの自転車で走ります。同時に同じところから同じ方向に走りはじめてから，くみさんがなおこさんを追いこすのは何分後でしょう。 [20点]

式

答え

5 みかさんが分速60mで学校へ歩いています。みかさんが家を出た8分後に，お兄さんが分速180mで学校へ走りました。お兄さんは出発してから何分以内にみかさんに追いつきますか。 [20点]

式

答え

44 問題の考え方 ― ⑤(流水算)

問題 ある川を40km上るのに，時速25kmの船で2時間かかりました。川の流れの速さは時速何kmですか。

考え方 川を上る実際(じっさい)の速さは，

船の速さ－川の流れの速さ

となります。川の流れの速さを時速$x$kmとすると，実際の速さは

$25-x=40\div2=20$

xにあてはまる数を求(もと)めると，

$x=25-20=5$

答え 時速5km

1 時速4kmで流れている川を，時速35kmで進む船があります。この船は，3時間で川を何km上るでしょう。 [20点]

式

答え

2 時速2kmで流れている川を46km下るのに，2時間かかりました。船の速さは時速何kmでしょう。 [20点]

式

答え

勉強した日　　月　　日　時間 20分　合格点 80点　答え 別冊31ページ　得点　　点　色をぬろう 60 80 100

3 時速3kmで流れている川を24km上るのに，2時間かかりました。船の速さは時速何kmでしょう。 [20点]

式

答え

4 ある川を20km下るのに，時速36kmの船で30分かかりました。川の流れの速さは時速何kmですか。 [20点]

式

答え

5 ある川の20kmはなれた2地点を上るのに2時間，下るのに1時間かかります。川の流れる速さは一定であるとして，船の速さと川の流れる速さを求めましょう。 [20点]

式

答え

未解決問題にトライ!

長い間，多くの人たちが答えを出そうと努力しているのに，いまだに解決されない問題を見てみよう。

● 6の約数は，1，2，3，6で，6以外の約数の和は6になります。

1＋2＋3＝6

28についても，約数は1，2，4，7，14，28で，28以外の約数の和は28になります。

1＋2＋4＋7＋14＝28

このように，ある整数の約数のうち，その整数以外の約数の和がその整数に等しくなるとき，その整数を**完全数**といいます。

● 6と28は完全数です。次の完全数は496です。

さらに，完全数を書いていくと，

8128
33550336
8589869056
137438691328
2305843008139952128

となります。

$$
\begin{array}{r}
1 \\
2 \\
4 \\
8 \\
16 \\
31 \\
62 \\
124 \\
+\ 248 \\
\hline
496
\end{array}
$$

● 完全数については，次のことがわかっています。

いままで見つかっているものは，すべて偶数である。
偶数の完全数は，下1けたが6か，下2けたが28である。
6以外の完全数は，9でわると1余る。
奇数の完全数があるとしても，37けた以上の数である。

● 奇数の完全数については，まだ，あるかどうかもわかっていません。偶数の完全数については，無数にあるかどうかはわかっていません。

整数のうち，約数を２個しかもたない数を**素数**といいます。素数を小さい順に書いていくと，次のようになります。

2，3，5，7，11，13，17，19，23，29，…

1は，約数が1個だけですから，素数ではありません。

２より大きい偶数について，次の計算を見てみましょう。

4＝2＋2
6＝3＋3
8＝3＋5
10＝3＋7　　または，10＝5＋5
12＝5＋7
⋮

このように，２より大きい偶数は，２つの素数の和として表されています。どのような偶数でもそうなるのでしょうか。

1742年，ゴールドバッハとオイラーとの手紙のやりとりのなかで，ゴールドバッハが問いかけた問題に対して，オイラーが「２より大きいどのような偶数でも，２つの素数の和になると思うが，確かめることができない」と書いています。これが，**ゴールドバッハの予想**といわれるものです。

２つの素数の和として表されない偶数が見つかれば，「ゴールドバッハの予想は正しくない」という形で解決されますが，そのような偶数は見つかっていません。むしろ，かなり大きい数についても正しいことが確かめられていますから，この予想は正しいと考えられています。しかし，きちんと確かめることは，まだできていません。

□ 編集協力　小南路子　坂下仁也
□ デザイン　アトリエ ウインクル

シグマベスト
トコトン算数
小学６年の文章題ドリル

著　者　山腰政喜
発行者　益井英郎
印刷所　NISSHA株式会社
発行所　株式会社文英堂
〒601-8121　京都市南区上鳥羽大物町28
〒162-0832　東京都新宿区岩戸町17
(代表)03-3269-4231

●落丁・乱丁はおとりかえします。

学習の記録

内容	勉強した日	得点	得点グラフ 0 20 40 60 80 100
かき方	4月　16日	83点	
❶ 対称な図形 ー ①	月　日	点	
❷ 対称な図形 ー ②	月　日	点	
❸ 文字と式 ー ①	月　日	点	
❹ 文字と式 ー ②	月　日	点	
❺ 文字と式 ー ③	月　日	点	
❻ 分数のかけ算・わり算 ー ①	月　日	点	
❼ 分数のかけ算・わり算 ー ②	月　日	点	
❽ 分数のかけ算・わり算 ー ③	月　日	点	
❾ 分数のかけ算・わり算 ー ④	月　日	点	
❿ 分数のかけ算・わり算 ー ⑤	月　日	点	
⓫ 分数のかけ算・わり算 ー ⑥	月　日	点	
⓬ 比とその利用 ー ①	月　日	点	
⓭ 比とその利用 ー ②	月　日	点	
⓮ 比とその利用 ー ③	月　日	点	
⓯ 比とその利用 ー ④	月　日	点	
⓰ およその面積と体積	月　日	点	
⓱ 円の面積 ー ①	月　日	点	
⓲ 円の面積 ー ②	月　日	点	
⓳ 拡大図と縮図 ー ①	月　日	点	
⓴ 拡大図と縮図 ー ②	月　日	点	
㉑ 拡大図と縮図 ー ③	月　日	点	
㉒ 拡大図と縮図 ー ④	月　日	点	

Σ BEST
シグマベスト

トコトン算数

小学⑥年の文章題ドリル

●「答え」は見やすいように，わくでかこみました。

● 考え方・解き方 では，まちがえやすい問題のくわしい解説(かいせつ)や，これからの勉強に役立つことをのせています。

文英堂

1 対称な図形—①

1 (1)

(2)

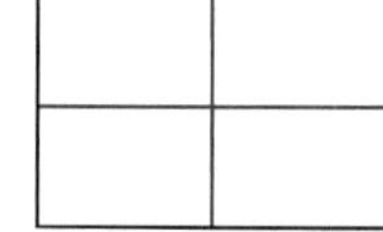

2 4本

3 (1)

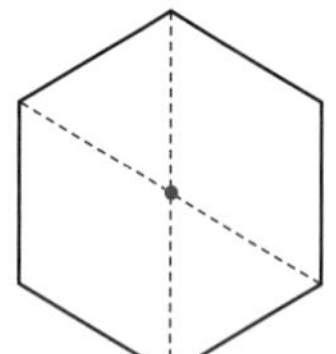

(2)

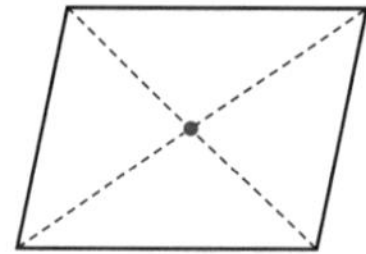

4 4以上の偶数

考え方・解き方

▶**2**は，次の図のように，4本あります。

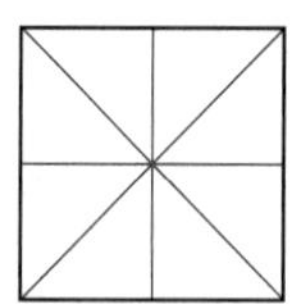

3は，対角線の交点です。ただし，正六角形の場合は，最も長い対角線で考えます。

4で，正多角形はすべて線対称な図形ですが，点対称となるのは辺の数が偶数のときだけです。ただし，辺の数は3以上ですから，まとめると，4以上の偶数となります。

2 対称な図形—②

(1) 垂直　(2) 5cm

(3) 60°

2 (1)

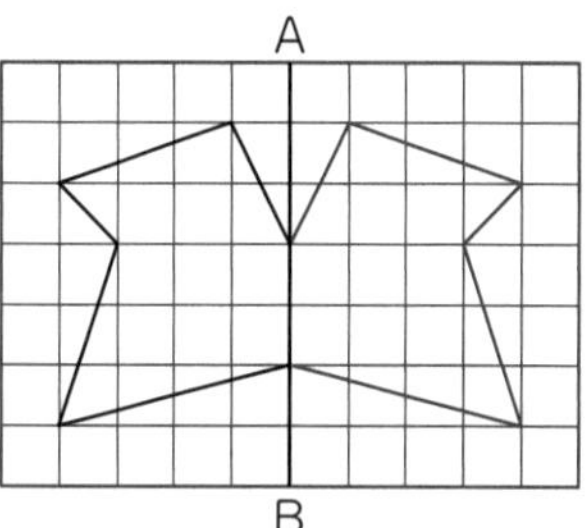

(2)

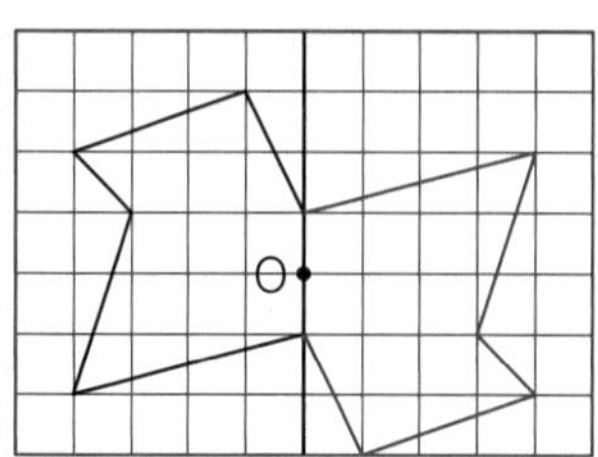

3 (1) H，O，X　(2) A，D，M

(3) N，S，Z　(4) F，J，L

▶**1**(1)で，対応する2点を通る直線BFと，対称の軸ADの交点をOとすると，

ADとBFは垂直

BO＝FO

となります。また，(3)は，

角BAD＝角FAD

より，直線ADは角BAFを2等分しますから，

角BAD＝120°÷2＝60°

となります。

3 文字と式—①

1
(1) 100円　(2) 150円
(3) $50\times x$　(4) $50\times x+80$

2
(1) 3㎝　(2) 4.5㎝
(3) $x\div 4$

3
(1) $28-x$　(2) 26人
(3) 23人

考え方・解き方

▶1(3)は，□を使って表すと

　50×□

となります。この□のかわりに，文字xを使います。

4 文字と式—②

(1) わられる数＝わる数×商＋余(あま)り
(2) $95=x\times 13+4$
(3) $x\times 13+4=95$より
　$x\times 13=95-4=91$
　$x=91\div 13=7$
　答え　7

(1) $x\times 3+180=420$
(2) $x\times 3=420-180=240$
　$x=240\div 3=80$
　答え　80円

(1) $75\times 2=150$　答え　150点
(2) $(150+x)\div 3=70$
(3) $150+x=70\times 3=210$
　$x=210-150=60$
　答え　60点

▶等号は，＝の左と右が等しいことを表す記号です。これより，＝の左と右を入れかえてもよいことがわかります。これを利用(りよう)して，1(3)は，＝の左の95と右の$x\times 13+4$を入れかえた式を書いて考えています。
3では，

　平均(へいきん)点＝合計点÷科目数

という式を

　合計点＝平均点×科目数

として利用しています。

5 文字と式——③

1 (1) $y=4\times x$　　(2) $y=24$
(3) $y=30$　　(4) $x=13$

2 (1) $y=48\div x$
(2) $6=48\div x$ より　$x=48\div 6=8$
答え　$x=8$
(3) $y=48\div 9=\frac{48}{9}=\frac{16}{3}$
答え　$y=\frac{16}{3}$

3 (1) $y=150-4\times x$
(2) $y=122$
(3) $34=150-4\times x$ より
$4\times x=150-34=116$
$x=116\div 4=29$
答え　$x=29$

考え方・解き方

▶1では，
　平行四辺形の面積＝底辺×高さ
の関係を，文字を使って表します。
2(1)は，
　1本の長さ×本数＝もとの長さ
と考えると，
　$y\times x=48$
となり，この式でも正解です。
3(3)は，残りが34cmですから，切り取ったのは
　$150-34=116$(cm)
1本の長さが4cmですから，本数は
　$116\div 4=29$(本)
となります。

6 分数のかけ算・わり算——①

1 式　$\frac{3}{4}\times 3=\frac{9}{4}$　　答え　$\frac{9}{4}$m²

2 式　$\frac{7}{4}\times 5=\frac{35}{4}$　　答え　$\frac{35}{4}$km

3 式　$\frac{4}{5}\times 15=12$　　答え　12m

4 式　$\frac{3}{2}\times 12=18$　　答え　18L

5 式　$4\frac{1}{2}\times 7=31\frac{1}{2}$
答え　$31\frac{1}{2}$kg

考え方・解き方

▶3や4のように，とちゅうで約分できるときは，先に約分してから計算します。

$$\frac{4}{5}\times 15=\frac{4\times \cancel{15}^{3}}{\cancel{5}_{1}}=4\times 3=12$$

$$\frac{3}{2}\times 12=\frac{3\times \cancel{12}^{6}}{\cancel{2}_{1}}=3\times 6=18$$

1ダースは12本です。覚えておきましょう。
5の帯分数のかけ算は，仮分数に直してから計算します。

$$4\frac{1}{2}\times 7=\frac{9}{2}\times 7=\frac{63}{2}$$
$$=31\frac{1}{2}$$

7 分数のかけ算・わり算——②

1 式 $\frac{91}{4}\div 3=\frac{91}{12}$ 答え $\frac{91}{12}$g

2 式 $\frac{35}{9}\div 8=\frac{35}{72}$ 答え $\frac{35}{72}$kg

3 式 $\frac{12}{7}\div 16=\frac{3}{28}$ 答え $\frac{3}{28}$m

4 式 $\frac{28}{9}\div 4=\frac{7}{9}$ 答え $\frac{7}{9}$cm

5 式 $6\frac{1}{2}\div 2-\frac{9}{4}=1$

答え 1cm

8 分数のかけ算・わり算——③

1 式 $\frac{3}{8}\times 7=\frac{21}{8}$ 答え $\frac{21}{8}$L

2 式 $\frac{8}{3}\div 2=\frac{4}{3}$ 答え $\frac{4}{3}$cm

3 式 $\frac{29}{3}\div 2=\frac{29}{6}=4\frac{5}{6}$

$\frac{5}{6}$分$=\frac{50}{60}$分$=50$秒

答え 4分50秒

4 式 $\frac{7}{3}\times 4\div 2=\frac{14}{3}$

答え $\frac{14}{3}$cm²

5 式 $2\div 3\times 40=\frac{80}{3}$

答え $\frac{80}{3}$m

6 式 $\frac{7}{2}-\frac{3}{8}\times 5=\frac{13}{8}$

答え $\frac{13}{8}$L

考え方・解き方

▶**3**や**4**のように，とちゅうで約分(やくぶん)できるときは，先に約分してから計算します。

$$\frac{12}{7}\div 16=\frac{\overset{3}{\cancel{12}}}{7\times\underset{4}{\cancel{16}}}=\frac{3}{28}$$

$$\frac{28}{9}\div 4=\frac{\overset{7}{\cancel{28}}}{9\times\underset{1}{\cancel{4}}}=\frac{7}{9}$$

5の帯(たい)分数のわり算は，仮(か)分数に直してから計算します。

$$6\frac{1}{2}\div 2-\frac{9}{4}=\frac{13}{2}\div 2-\frac{9}{4}$$
$$=\frac{13}{4}-\frac{9}{4}$$
$$=\frac{4}{4}=1$$

▶**2**は，たての長さを□cmとすると，

$$\square\times 2=\frac{8}{3}$$

となります。この式から，□にあてはまる数を求(もと)めます。

3で，$\frac{5}{6}$分を秒に直すには，分母が60になるように通分するか，60倍します。

5は，1歩で，$2\div 3=\frac{2}{3}$(m) 歩くことから求めます。

6の計算は，次のようになります。

$$\frac{7}{2}-\frac{3}{8}\times 5=\frac{7}{2}-\frac{15}{8}$$
$$=\frac{28}{8}-\frac{15}{8}=\frac{13}{8}$$

9 分数のかけ算・わり算—④

1 式　$48\times\frac{3}{4}=36$　答え　36kg

2 式　$\frac{7}{12}\times60=35$　答え　35分

3 式　$750\times\frac{8}{15}=50\times8=400$

答え　400mL

4 式　$\frac{3}{4}\times\frac{3}{4}=\frac{9}{16}$　答え　$\frac{9}{16}$cm²

5 式　$\frac{5}{6}\times\frac{9}{10}=\frac{3}{4}$　答え　$\frac{3}{4}$cm²

考え方・解き方

▶分数になっても，面積(めんせき)の公式はそのまま使えます。計算のとちゅうで約分(やくぶん)できるときは，先に約分します。

1は，

$$48\times\frac{3}{4}=\frac{\overset{12}{\cancel{48}}\times3}{\underset{1}{\cancel{4}}}=36$$

2は，

$$\frac{7}{12}\times60=\frac{7\times\overset{5}{\cancel{60}}}{\underset{1}{\cancel{12}}}=35$$

5は，

$$\frac{5}{6}\times\frac{9}{10}=\frac{\overset{1}{\cancel{5}}\times\overset{3}{\cancel{9}}}{\underset{2}{\cancel{6}}\times\underset{2}{\cancel{10}}}=\frac{3}{4}$$

となります。

10 分数のかけ算・わり算—⑤

1 式　$\frac{2}{3}\div3=\frac{2}{3}\times\frac{1}{3}=\frac{2}{9}$

答え　$\frac{2}{9}$m

2 式　$90\div\frac{5}{6}=90\times\frac{6}{5}=18\times6=108$

答え　108cm

3 式　$\frac{5}{2}\div\frac{7}{3}=\frac{5}{2}\times\frac{3}{7}=\frac{15}{14}$

答え　$\frac{15}{14}$cm

4 式　$\frac{5}{2}\div\frac{1}{6}=\frac{5}{2}\times\frac{6}{1}=5\times3=15$

答え　15人

5 □倍とすると，$\frac{8}{7}=\frac{4}{3}\times□$

式　$\frac{8}{7}\div\frac{4}{3}=\frac{8}{7}\times\frac{3}{4}=\frac{6}{7}$

答え　$\frac{6}{7}$倍

▶分数のわり算で，式が立てにくいときは，□を使ってかけ算の式を立てます。

2は，テープのもとの長さを□とすると，

$$□\times\frac{5}{6}=90$$

これより，

$$□=90\div\frac{5}{6}$$

となります。

3も，横の長さを□とすると，

$$\frac{7}{3}\times□=\frac{5}{2}$$

これより，

$$□=\frac{5}{2}\div\frac{7}{3}$$

となります。

11 分数のかけ算・わり算—⑥

1 庭の面積(めんせき)を□とすると，$□\times\frac{3}{4}=6$

式　$6\div\frac{3}{4}=6\times\frac{4}{3}=2\times4=8$

答え　8m²

2 式　$90\times\left(1+\frac{4}{15}\right)=90\times\frac{19}{15}$

$=6\times19=114$

答え　114人

3 式　$35\times\left(1-\frac{1}{5}\right)=35\times\frac{4}{5}$

$=7\times4=28$

答え　28人

4 式　$\frac{5}{2}\times\frac{8}{9}\div2=\frac{5}{2}\times\frac{8}{9}\times\frac{1}{2}$

$=\frac{10}{9}$

答え　$\frac{10}{9}$cm²

5 式　$\left(\frac{2}{3}+\frac{1}{4}\right)\times2=\left(\frac{8}{12}+\frac{3}{12}\right)\times2$

$=\frac{11}{12}\times2=\frac{11}{6}$

答え　$\frac{11}{6}$cm

6 式　$\frac{7}{3}-\frac{2}{9}\times6=\frac{7}{3}-\frac{2\times\cancel{6}^{2}}{\cancel{9}_{3}}$

$=\frac{7}{3}-\frac{4}{3}=\frac{3}{3}=1$

答え　1m

考え方・解き方

▶**1**は，もとにする庭の面積がわからないので，それを□とし，割合(わりあい)をかけて式を立てます。

2は，先週本を借(か)りた人の割合を1として考えます。

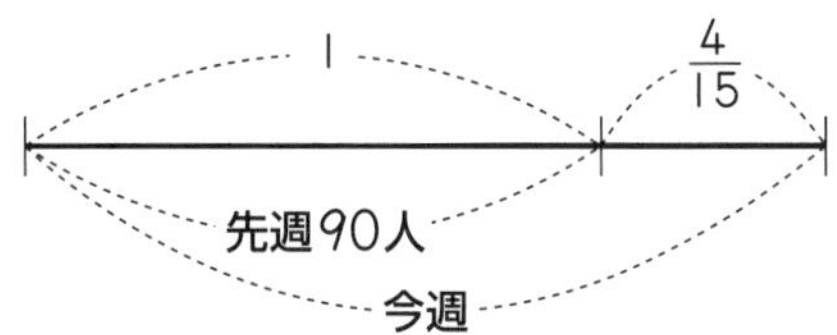

今週本を借りた人の割合は，

$$1+\frac{4}{15}=\frac{15}{15}+\frac{4}{15}=\frac{19}{15}$$

となります。

3は，もとにする組の人数を1として考えます。

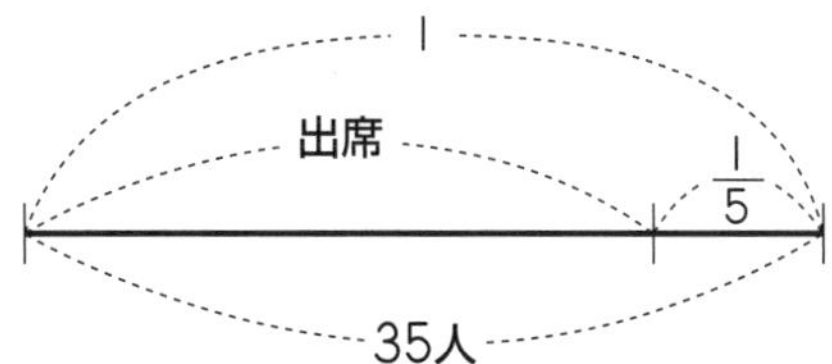

出席(しゅっせき)した人の割合は，

$$1-\frac{1}{5}=\frac{5}{5}-\frac{1}{5}=\frac{4}{5}$$

となります。

12 比とその利用—①

1 まわりの長さは，
(4＋5)×2＝9×2＝18(cm)
(1) 4：5 (2) 5：4 (3) 4：18
(4) 18：5

2 残り(のこ)の道のりは，7－3＝4(km)
(1) 3：7 (2) 3：4 (3) 7：4

3 三角形**アイエ**の面積(めんせき)は，
3×2÷2＝3(cm²)
三角形**イウエ**の面積は，
4×2÷2＝4(cm²)
台形**アイウエ**の面積は，
3＋4＝7(cm²)
(1) 3：4 (2) 3：2 (3) 3：4
(4) 3：7 (5) 4：7

考え方・解き方

▶比(ひ)を答えるときは，順番(じゅんばん)が大事です。つまり，

4：5と5：4は別(べつ)のもの

です。気をつけましょう。

3(3)から，次のことがわかります。

高さの等しい三角形の面積の比は，底辺(ていへん)の長さの比に等しい。

13 比とその利用—②

1 (1) 8：12＝2：3 （4でわる）

答え 2：3

(2) 4：14＝2：7 （2でわる）

答え 2：7

(3) 2.4：1.6＝24：16 （10倍）

＝3：2 （8でわる）

答え 3：2

(4) 500：350＝10：7 （50でわる）

答え 10：7

2 式 4×4＝16，6×6＝36

16：36＝4：9 （4でわる）

答え 4：9

3 式 (4×2×3.14)：(6×2×3.14)

＝4：6＝2：3 答え 2：3

4 式 (3×3×3)：(6×6×6)

＝27：216＝1：8 答え 1：8

考え方・解き方

▶**3**では，2つの円の円周（えんしゅう）の長さを求（もと）める式を見て，両方に共通（きょうつう）な

2×3.14

でわっています。このようにして，比（ひ）を簡単（かんたん）にすると，まちがいも少なくなります。

14 比とその利用—③

1 式 4：5＝24：x （6倍）

x＝5×6＝30 答え 30cm

2 式 7：4＝x：20 （5倍）

x＝7×5＝35 答え 35cm

3 式 5：2＝200：x （40倍）

x＝2×40＝80 答え 80g

4 式 5：7＝x：84 （12倍）

x＝5×12＝60 答え 60cm

5 式 4：3＝2.8：x （0.7倍）

x＝3×0.7＝2.1 答え 2.1L

▶求める数をxとして，式を立てます。

1は，4のところが24になっていますから，

24÷4＝6

より，6倍していることがわかります。

5の場合は，

2.8÷4＝0.7

より，0.7倍です。

⑮ 比とその利用―④

1 $9+8=17$より，組全体の人数と女子の人数の比(ひ)は，$17:8$
式　$17:8=34:x$　(2倍)
　　$x=8\times2=16$
答え　16人

2 $2+3=5$より，少ない方と全体の比は，$2:5$
式　$2:5=x:800$　(160倍)
　　$x=2\times160=320$
答え　320mL

3 $455+325=780$より，合計と兄のお金の比は，$780:455$
式　$780:455=12:x$
　　$780\div12=65$より，
　　$x=455\div65=7$　　$12-7=5$
答え　兄が7本，弟が5本

4 たての長さとまわりの長さの比は，$5:16$
式　$5:16=x:96$　(6倍)
　　$x=5\times6=30$
　　横の長さは，
　　$3:16=y:96$より，
　　$y=3\times6=18$
答え　たては30cm，横は18cm

5 よしこさんは，えつこさんより，お金を$80\times2=160$(円)多く持っています。
式　右の図から，2人分合わせたお金をx円とすると，
　　$1:11=160:x$　(160倍)
　　$x=11\times160=1760$
答え　1760円

考え方・解き方

▶**1**を図で表すと，次のようになります。

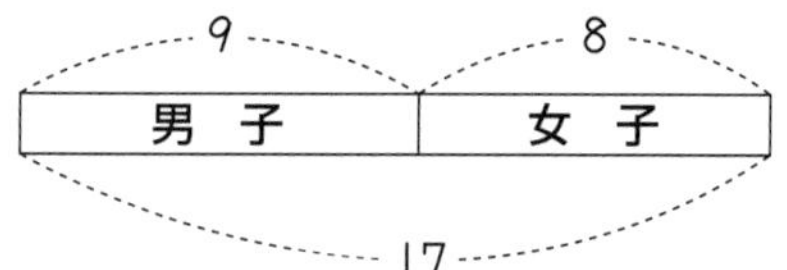

3は，比を簡単(かんたん)にすることで求(もと)めることもできます。

$455:325$
$=91:65$　5でわる
$=7:5$　13でわる

12本を$7:5$に分けるので，兄が7本，弟が5本になります。

4で，たての長さとまわりの長さの比が$5:16$となることは，次の図からわかります。

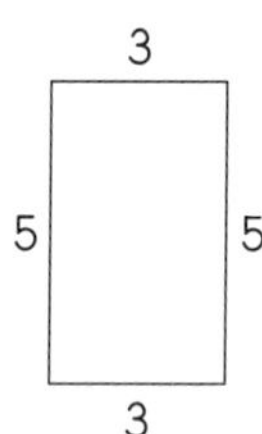

5を図で表すと，次のようになります。

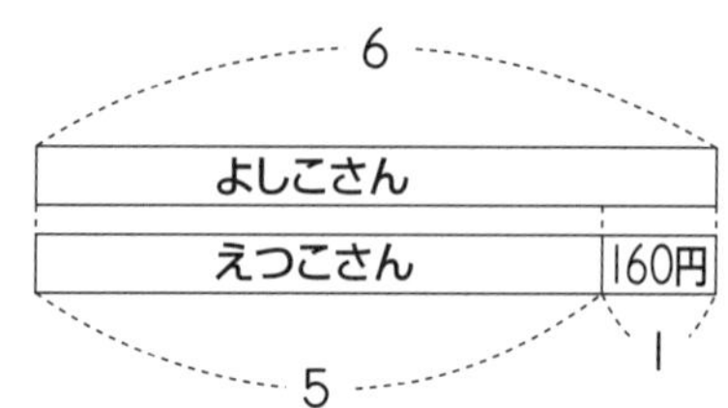

16 およその面積と体積

1 (1) $3\times5=15$ 答え 15cm^2

(2) $5\times4\div2=10$ 答え 10cm^2

2 $28\times22\times7=4312$

答え 4312cm^3

3 (1) $10\times10=100$

答え 100km^2

(2) $100\times(110+66\div2)=14300$

答え 14300km^2

17 円の面積 —— ①

1 式 $3\times3\times3.14=9\times3.14=28.26$

答え 28.26cm^2

2 式 半径(はんけい)は，$10\div2=5$(cm)

$5\times5\times3.14=25\times3.14=78.5$

答え 78.5cm^2

3 (1) 半径2cmの円の面積を4でわります。

式 $2\times2\times3.14\div4=3.14$

答え 3.14cm^2

(2) 半径6cmの円の面積を4でわり，半径3cmの半円の面積をひきます。

式 $6\times6\times3.14\div4$

$-3\times3\times3.14\div2$

$=14.13$

答え 14.13cm^2

(3) 1辺(いっぺん)が8cmの正方形の面積から，半径4cmの円の面積を4でわったもの4つ分をひきます。

式 $8\times8-4\times4\times3.14\div4\times4$

$=13.76$

答え 13.76cm^2

考え方・解き方

▶**3**(2)は，線の内側(うちがわ)にはいっている方眼(ほうがん)が110個，線にかかっている方眼が66個なので，求(もと)める面積(めんせき)は，

$110+66\div2=143$

より，方眼143個分になります。

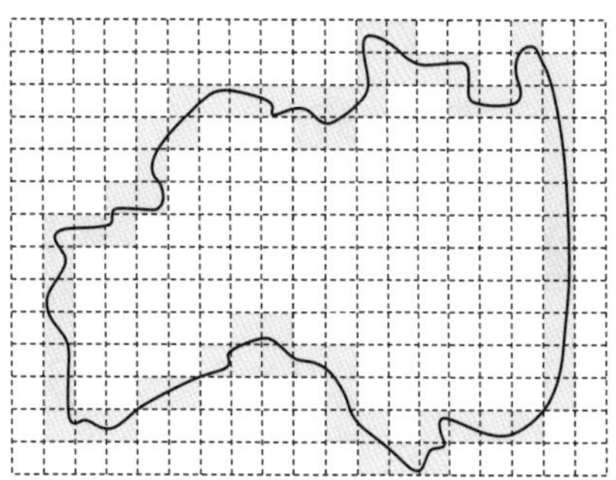

▶3.14のはいった式を計算するときは，3.14を最後(さいご)に計算します。

3(1)は，

$2\times2\times3.14\div4$

$=2\times2\div4\times3.14$

$=4\div4\times3.14$

$=1\times3.14=3.14$

となります。

(2)では，計算のきまりで，

○×□−△×□＝(○−△)×□

を使っています。

$6\times6\times3.14\div4$

$-3\times3\times3.14\div2$

$=9\times3.14-4.5\times3.14$

$=(9-4.5)\times3.14$

$=4.5\times3.14$

$=14.13$

(3)は，次のように計算します。

$8\times8-4\times4\times3.14\div4\times4$

$=64-16\times3.14$

$=64-50.24$

$=13.76$

18 円の面積―②

1 直径0.6mの円の円周の長さを200倍します。

式　0.6×3.14×200
　＝0.6×200×3.14
　＝120×3.14＝376.8

答え　376.8m

2 たて8cm，横9cmの長方形から，直径8cmの半円を切り取った図形です。

(1)　式　9×2＋8×3.14÷2×2
　　＝18＋25.12＝43.12

答え　43.12cm

(2)　式　8×9－4×4×3.14÷2×2
　　＝72－16×3.14
　　＝72－50.24
　　＝21.76

答え　21.76cm²

3 (1)　8×8×3.14÷4
　　－5×5×3.14÷4
　＝(64－25)×3.14÷4
　＝39×3.14÷4
　＝122.46÷4＝30.615

答え　30.615cm²

(2)　10×10×3.14－20×20÷2
　＝314－200＝114

答え　114cm²

(3)　6×6×3.14÷4－6×6÷2
　＝9×3.14－18
　＝28.26－18＝10.26
　これを2倍して，
　10.26×2＝20.52

答え　20.52cm²

考え方・解き方

▶**1**，**2**(1)で，円周の長さについて復習しておきましょう。

3(2)は，半径10cmの円の面積から，対角線の長さが20cmの正方形の面積をひきます。この正方形の面積は，

対角線×対角線÷2

で求めます。

(3)は，まず，次の図形の面積を求めます。

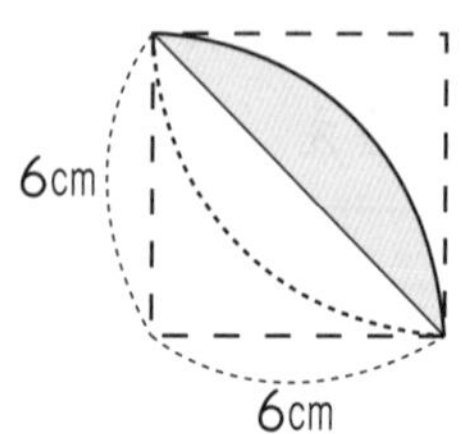

それには，半径6cmの円の面積を4でわったものから，底辺が6cm，高さも6cmの直角二等辺三角形の面積をひきます。

この図形の面積が求められたら，それを2倍します。

⑲ 拡大図と縮図——①

1 順に，カ，3，ウ，2

2

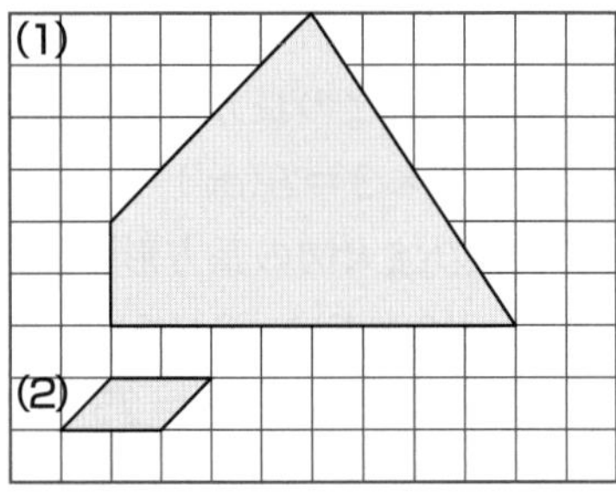

3 (1)

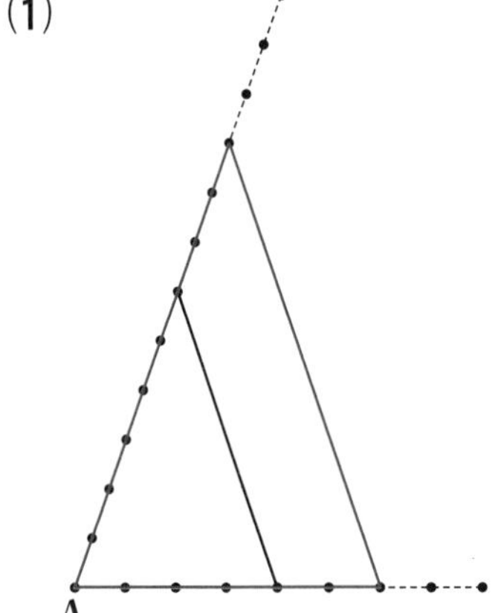

(2)

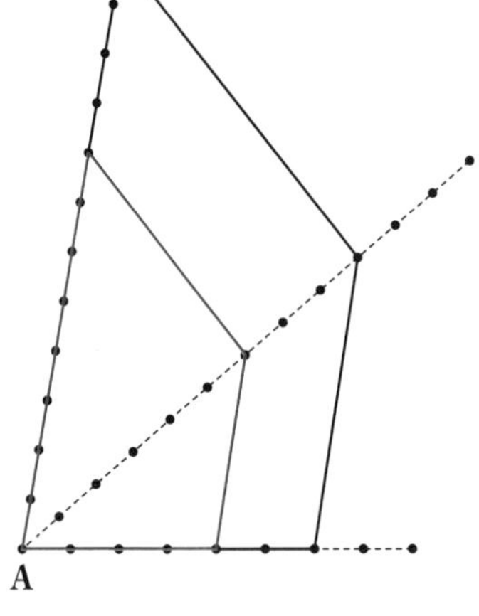

考え方・解き方

▶**1**，**2**は，方眼のマス目を数えて考えます。

3は，直線を同じ長さに区切っている点を利用して考えます。

⑳ 拡大図と縮図——②

1 (1) 4倍　(2) 28cm
(3) 8cm　(4) 60°

2 (1) 2倍　(2) 5cm
(3) 6cm

3 (1) 10cm　(2) 15cm
(3) 25倍

㉑ 拡大図と縮図——③

1 (1) 500(分の1)　(2) 4cm
(3)

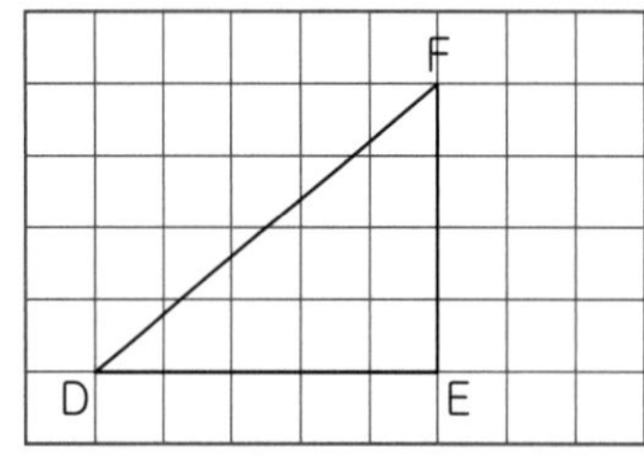

(4) 6.4cm　(5) 32m

2 (1) 4cm　(2) 25.2m

3 (1) 6倍　(2) 4.8m

考え方・解き方

▶**1**(1)は，辺ABと対応するのは辺ADで，AD＝5＋15＝20(cm)より

AD÷AB＝20÷5＝4

よって，4倍の拡大図となります。

3で，もとの長方形の面積は

$2\times3=6(\text{cm}^2)$

5倍の拡大図の長方形の面積は，

$(2\times5)\times(3\times5)=150(\text{cm}^2)$

よって，150÷6＝25より，25倍になります。5倍ではありません。

▶**2**(2)では，建物のBCの部分の実際の長さは

4×600＝2400(cm)

より，24mですが，目の高さをたして，

24＋1.2＝25.2(m)

となります。

3は，下の図のように，木とそのかげによってつくられる三角形が，棒とそのかげでつくられる三角形の拡大図になっていることを利用します。

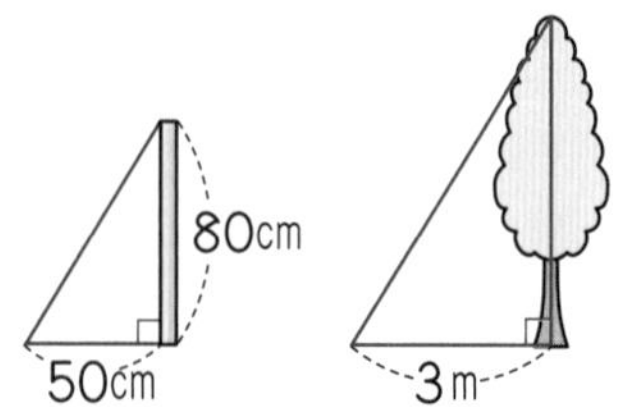

22 拡大図と縮図—④

1 (1) 1km　(2) 5cm

(3) $\frac{1}{100000}$

2 (1) 200m　(2) 3cm

(3) 3km

3 (1) 地図上では　1.7＋3.3＝5(cm)

実際(じっさい)は　5×40000＝200000(cm)

答え　2km

(2) 120000÷40000＝3(cm)

答え　3cm

23 角柱と円柱の体積—①

1 式　7×6＝42　答え　42cm^3

2 式　2×3÷2×4＝12

答え　12cm^3

3 式　6×8÷2×5＝120

答え　120cm^3

4 高さを□cmとすると，4×□＝30

式　30÷4＝7.5

答え　7.5cm

5 式　8×8×5－2×2÷2×5×4

＝280

答え　280cm^3

考え方・解き方

▶**1**からわかるように，10万分の1の地図では，地図上の1cmが実際の1kmとなります。わかりやすいことから，ドライブ用の道路地図には，10万分の1の縮尺(しゅくしゃく)のものが多いです。

▶**3**では，2本の対角線の長さがわかっているひし形の面積(めんせき)の公式

対角線×対角線÷2

を利用(りよう)します。

4は，高さを□cmとして式を立てると解(と)きやすくなります。

5は，底(てい)面積を，

8×8－2×2÷2×4

＝64－8＝56(cm^2)

と求(もと)めておいて，高さをかけて，

56×5＝280(cm^3)

とすることもできます。

24 角柱と円柱の体積—②

1 式　$4\times4\times3.14\times3=150.72$
答え　150.72cm³

2 半径は，$4\div2=2$(cm)
式　$2\times2\times3.14\times7=87.92$
答え　87.92cm³

3 穴の半径は，$2\div2=1$(cm)
式　$4\times20\times1-1\times1\times3.14\times1\times5$
$=64.3$
答え　64.3cm³

4 (1)　半径は，$8\div2=4$(cm)
式　$4\times4\times3.14\times5\div4=62.8$
答え　62.8cm³
(2)　式　$62.8-4\times4\div2\times5$
$=22.8$
答え　22.8cm³

考え方・解き方

▶円周率をふくむ計算では，計算のきまりを利用して，3.14は最後にかけます。例えば，**1**では
$4\times4\times3.14\times3$
$=4\times4\times3\times3.14$
$=48\times3.14$
$=150.72$
となります。

25 比例と反比例—①

1 ア　$y=50\times x$　　イ　$y=80-x$
ウ　$y=x\times5$　　エ　$y=x\times x$
オ　$x\times y=24$
答え　ア，ウ

2 (1)　答え　$y=x\times4$
(2)　答え　$y=55\times x$
(3)　答え　$y=2\times x$
(4)　1mの重さは，$36\div3=12$(g)
答え　$y=12\times x$
(5)　$y=x\times2\times3.14=x\times6.28$
答え　$y=x\times6.28$

▶**1**は，xとyの関係が，
y＝きまった数$\times x$
となるものを答えます。
ウは，$y=5\times x$と同じですから，比例の関係です。
オは，$y=24\div x$ですから，比例の関係ではありません。
2(1)は，$y=4\times x$でも正解です。
(5)も，$y=6.28\times x$でも正解です。

㉖ 比例と反比例—②

1 1mの重さは15gで，その8倍です。
式　30÷2×8＝15×8＝120
答え　120g

2 1本の重さは2.5gで，その70倍です。
式　50÷20×70＝2.5×70＝175
答え　175g

3 分速0.5kmでx分かかるとすると，
0.5×x＝45
式　45÷(3÷6)＝45÷0.5＝90
答え　1時間30分

4 1gは2.4円です。
式　1000÷2.4＝416.6…
答え　416g

5 1gで，ばねは0.5mmのびます。
式　6÷12×20＝0.5×20＝10
　のびるのは，10mm＝1cm
答え　11cm

考え方・解き方

▶1あたりの量を求め，その何倍になるかということから答えを求めます。

5は，何mmのびるかを求め，最後にばねの長さ10cmをたします。

㉗ 比例と反比例—③

1 (1)　1mの重さは，60÷5＝12(g)
　答え　y＝12×x
(2)　右の図

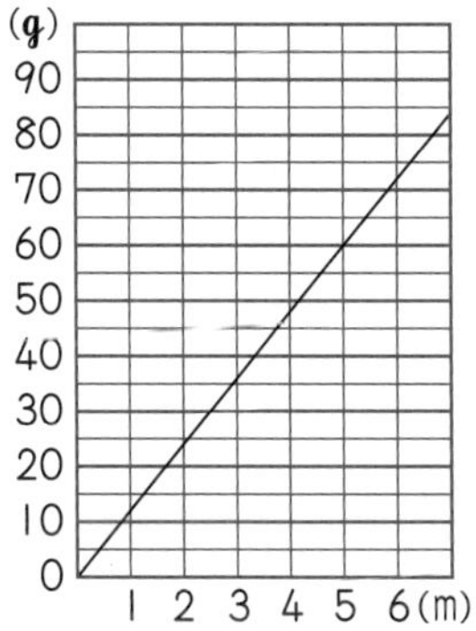

(g)
90
80
70
60
50
40
30
20
10
0
1 2 3 4 5 6(m)

2 (1)　分速1.5km
(2)　y＝1.5×x
(3)　6km
(4)　1.5×90
　＝135
　答え　135km
(5)　5分
(6)　120÷1.5＝80　答え　1時間20分

▶**1**のように，**比例のグラフは，0の点を通る直線になります。**

2(1)は，グラフから，1分間に1.5km走っていることがわかりますから，分速1.5kmです。

(3)と(5)はグラフから読み取れます。

(4)と(6)は，(2)の比例の式から求めます。

28 比例と反比例――④

1 ア $y=x\times 4$　　イ $y=50-x$
ウ $y=60\div x$　　エ $y=x\times 5$
オ $y=800\div x$
答え　ウ，オ

2 (1) 600　　(2) 10分
(3) 75枚（まい）

3 (1) 24　　(2) 8cm
(3) $\frac{24}{5}$cm　(4.8cmでもよい)

29 比例と反比例――⑤

1 (1) 18cm²　　(2) $y=18\div x$
(3) $y=\frac{18}{5}$　($y=3.6$でもよい)

2 (1) $y=6\div x$
(2)

x	1	2	3	4	5	6
y	6	3	2	1.5	1.2	1

(3)

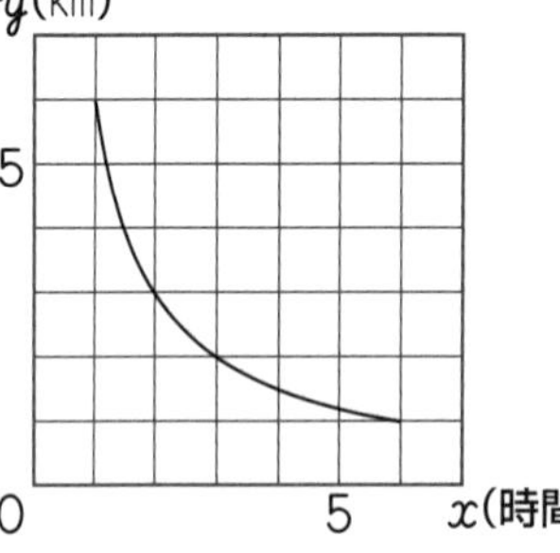

(4) $y=0.3$　　(5) 小さくなる

考え方・解き方

▶反比例（はんぴれい）の式

$y=$きまった数$\div x$

は，

$x\times y=$きまった数

と変形（へんけい）できますから，xとyの積（せき）が一定という関係（かんけい）です。
この形で表すと，**2**は

$x\times y=600$

となります。
また，**3**は

$x\times y\div 2=12$

これより

$x\times y=24$

です。

▶**1**(1)は，グラフ上で，xとyの値（あたい）がともに整数になっている点を見つけると，

$x=2$のとき$y=9$
$x=3$のとき$y=6$
$x=6$のとき$y=3$
$x=9$のとき$y=2$

となります。この4つの，どれを用いても，同じ答えが得（え）られます。
2(5)は，「0に近づく」のように，同じ意味であれば正解（せいかい）です。

30 場合の数 ―①

1 (1) 12通り
(2) 24通り
(3) 6通り

2 (1) 36通り
(2) 6通り
(3) 7通り

3 (1) 24通り
(2) 81通り

31 場合の数 ―②

1 (1) AとB，AとC，AとD，AとE，BとC，BとD，BとE，CとD，CとE，DとE
(2) 10通り

2 (1) 15通り (2) 20通り

3 15円，55円，60円，105円，110円，150円，505円，510円，550円，600円

4 4通り

考え方・解き方

▶場合の数は，図や表を利用して，順序よく，数え落としがなく，重なりがないように数えます。
1(3)は，千の位の数が2だけになります。**2**は，次の表で数えます。

大＼小	1	2	3	4	5	6
1	2	3	4	5	6	7
2	3	4	5	6	7	8
3	4	5	6	7	8	9
4	5	6	7	8	9	10
5	6	7	8	9	10	11
6	7	8	9	10	11	12

3(2)は，4人とも，グー，チョキ，パーの3通りずつ出し方があります。

▶**1**(2)は，「選ぶ3文字の選び方」と「選ばない2文字の選び方」の数が等しいことに着目すると，(1)から10通りとわかります。
4は，30円のおかしの数が奇数になることに着目して表にまとめます。

30円	1	3	5	7
20円	11	8	5	2

32 資料の調べ方 —①

1 (1) 0, 0, 1, 2, 2, 3, 3, 3, 4, 4, 4, 4, 4, 4, 5, 5

(2) 3.5回　(3) 4回

(4) 3回

2 (1) 4, 4, 5, 6, 6, 6, 7, 8, 8, 8, 8, 9, 9, 10

(2) 7点　(3) 4

(4) 7点　(5) 3通り

(6) 8点

考え方・解き方

▶**2**(2)は，□以外の数の和が98ですから，

(98＋7)÷15＝7

(3)は，合計＝平均値×個数を利用して，

98＋□＝6.8×15

の□にあてはまる数を求めます。

(5)は，□にあてはまるのは8以上の数ですから，8，9，10の3通りです。

33 資料の調べ方 —②

(1) 60.5g　(2) 60.5g

(3)

57 58 59 60 61 62 63

(4) 平均値は同じだが，10個パックの方が平均値に近い重さの卵が多い。

2 (1)

得点	0	1	2	3	4	5	合計
人数	1	4	4	7	8	1	25

(2) 4点　(3) 9人

(4) 3点　(5) 2.8点

▶**2**(4)で，25人のちょうど真ん中の人は，13番目の人です。(3)で，2点以下の人が9人とわかっており，3点以下の人は16人ですから，13番目の人の得点は3点です。

また，(5)で，合計点は，

得点×人数

を0点から5点までそれぞれ計算し，それらをたして求めます。

つまり，

0×1＋1×4＋2×4＋3×7
＋4×8＋5×1
＝70(点)

と計算します。

34 資料の調べ方――③

1
(1) ウ　(2) 6人
(3) ウ　(4) 13人
(5) イ

2
(1) 142.7cm
(2) 157.5cm
(3) 143cm
(4)

	身　長	人数
ア	140(以上)〜143(未満)	1
イ	143〜146	2
ウ	146〜149	4
エ	149〜152	7
オ	152〜155	4
カ	155〜158	2
合　計		20

(5) エ

考え方・解き方

▶ **1**(**1**)で，「以上（いじょう）」「以下」はその数ははいりますが，「未満（みまん）」はその数ははいりません。したがって，300cmちょうどは，「300cm以上」にはいります。
(**5**)は，(**4**)の結果（けっか）を利用（りよう）します。
27人のちょうど真ん中は14番目で，(**4**)で300cm以上の人が13人とわかっていますから，真ん中の人は**イ**にいます。
2(**3**)は，144cm未満とすると，最（もっと）も高い人は**オ**にはいってしまいますから，143cm未満とします。

35 資料の調べ方——④

1
(1) 27
(2) 24m以上27m未満
(3) 21人　　(4) 15人
(5) 27m以上30m未満

2
(1)

記　録	人数
以上　未満 7.4～7.8	2
7.8～8.2	5
8.2～8.6	6
8.6～9.0	4
9.0～9.4	3
合　計	20

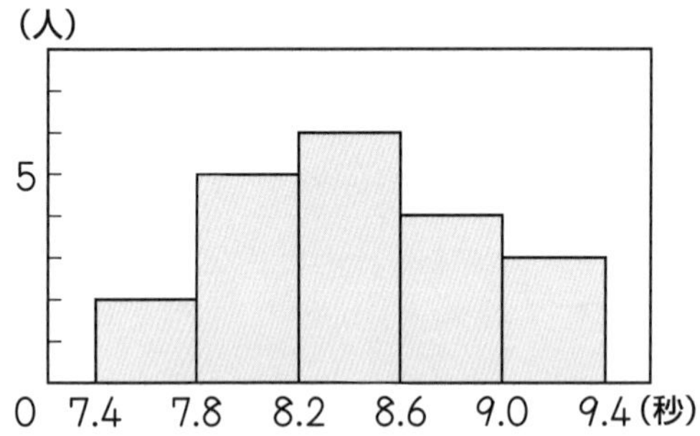

(2)

記　録	人数
以上　未満 7.4～7.7	1
7.7～8.0	3
8.0～8.3	7
8.3～8.6	2
8.6～8.9	3
8.9～9.2	3
9.2～9.5	1
合　計	20

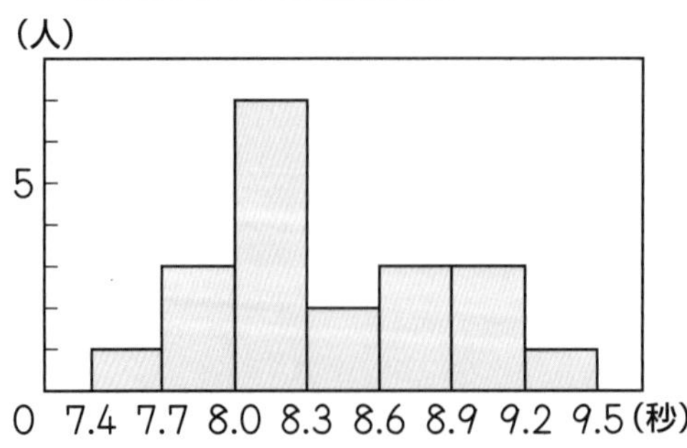

考え方・解き方

▶ **1**(3)は，

1＋2＋7＋5＋4＋2＝21(人)

となります。

(4)は，21人から30m以上の人数をひいて，

21－(4＋2)＝15(人)

となります。

(5)は，21人のちょうど真ん中は11番目の人で，27m未満が10人ですから，27m以上30m未満にはいります。

2では，0.4秒と0.3秒の2通りの区切りで柱状グラフをかきます。0.4秒の方は中央がふくらんだ山の形になりますが，0.3秒の方は，中央にへこんだ部分ができます。このように，区切り方によって，柱状グラフの形が変わることがあります。

なお，柱状グラフをかくときは，棒グラフとはちがって，ならべる長方形の間をあけてはいけません。注意しましょう。

36 割合—①

1 定価(ていか)は仕入れ値(ね)の120%です。
式　800×1.2＝960　答え　960円

2 100－15＝85より，買った値段(ねだん)は定価の85%ですから，x×0.85＝765
式　765÷0.85＝900　答え　900円

3 100＋30＝130より，今日の入場者数はきのうの130%ですから，
x×1.3＝845
式　845÷1.3＝650　答え　650人

4 式　500×1.3×0.8－500＝20
答え　20円

5 100－40＝60より，本を買った残(のこ)りは，1200円の60%です。また，ジュースを買った残りは，100－25＝75より，1200円の60%の75%です。
式　1200×0.6×0.75＝540
答え　540円

考え方・解き方

▶**4**では，仕入れ値が500円で，100＋30＝130より，定価は仕入れ値の130%ですから，

500×1.3＝650(円)

売り値は定価の20%引きですから，100－20＝80より，定価の80%です。これより，売り値は，

650×0.8＝520(円)

利益(りえき)は，売り値から仕入れ値をひいて求(もと)めます。

520－500＝20

より，利益は20円です。

37 割合——②

1 式　$2\times\left(1-\frac{1}{8}\right)=2\times\frac{7}{8}=\frac{7}{4}$

答え　$\frac{7}{4}$L

2 式　$400\times\left(1+\frac{7}{8}\right)=400\times\frac{15}{8}$

$=50\times15=750$

答え　750m

3 式　先週本を借(か)りた人をx人とすると，

$x\times\frac{3}{5}\times\frac{5}{9}=35$

$x\times\frac{1}{3}=35$　$x=35\times3=105$

答え　105人

4 式　2年前の入学者数をx人とすると，

$x\times\frac{9}{10}\times\frac{8}{9}=112$

$x\times\frac{4}{5}=112$

$x=112\div\frac{4}{5}=112\times\frac{5}{4}=140$

答え　140人

5 式　$1500\times\left(1-\frac{3}{4}\right)\times\frac{1}{3}$

$=1500\times\frac{1}{4}\times\frac{1}{3}=125$

答え　125円

6 昼の長さを1とすると，1日の長さは，

$1+\frac{5}{7}=\frac{12}{7}$だから，$x\times\frac{12}{7}=24$

式　$24\div\frac{12}{7}=24\times\frac{7}{12}=14$

答え　14時間

考え方・解き方

▶**2**では，家から学校までの道のりを1と考えると，学校から駅まではその$\frac{7}{8}$ですから，家から駅までの道のりは，

$1+\frac{7}{8}=\frac{8}{8}+\frac{7}{8}=\frac{15}{8}$

の割合(わりあい)となります。

4では，2年前の入学者数をx人とすると，去年の入学者はその$\frac{1}{10}$だけへったので，

$x\times\left(1-\frac{1}{10}\right)=x\times\frac{9}{10}$

となります。今年は，去年の人数の$\frac{1}{9}$だけへったので，

$x\times\frac{9}{10}\times\left(1-\frac{1}{9}\right)$

$=x\times\frac{9}{10}\times\frac{8}{9}$

となります。

6で，昼と夜の長さという場合は，**日の出から日の入りまでを昼，そうでない時間を夜といいます。**

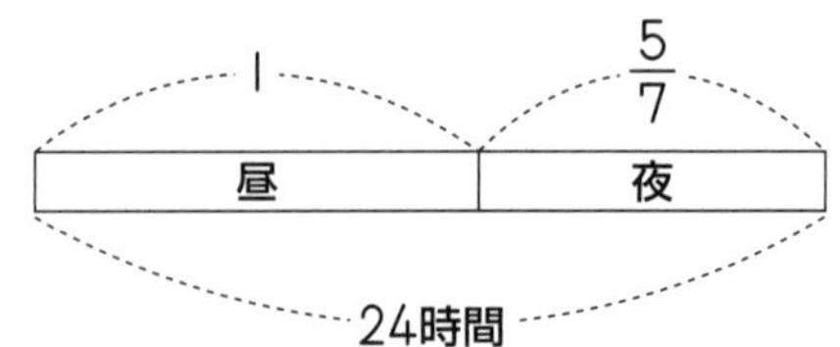

$1+\frac{5}{7}=\frac{12}{7}$

より，昼の長さの$\frac{12}{7}$倍が1日の長さ，つまり，24時間になります。

38 割合——③

1 食塩は10g，食塩水は
240＋10＝250(g)
式　10÷250＝0.04
答え　4%

2 式　食塩は，300×0.05＝15(g)
水は，300－15＝285(g)
答え　285gの水に15gの食塩をとかす

3 式　食塩は，450×0.1＝45(g)
50gの水を入れると，食塩水は，
450＋50＝500(g)
45÷500＝0.09
答え　9%

4 式　食塩水375gの中の食塩の量は，
375×0.04＝15(g)
食塩を25g入れると，食塩は，
15＋25＝40(g)
食塩水は，375＋25＝400(g)
40÷400＝0.1
答え　10%

5 式　4%の食塩水250gの中の食塩の量は，
250×0.04＝10(g)
12%の食塩水150gの中の食塩の量は，
150×0.12＝18(g)
まぜた後の食塩の量は，
10＋18＝28(g)
食塩水の量は，
250＋150＝400(g)
28÷400＝0.07
答え　7%

考え方・解き方

▶食塩水の問題は難しいように思われますが，大事なことは，**食塩水が何gあって，その中に食塩が何gとけているかということです。**

1は，食塩水250gの中に食塩が10gとけていることから何%になるかを求めます。

2は，まず食塩の量を求め，
　食塩水の量－食塩の量＝水の量
から，水の量を求めます。

3では，水を入れますから，食塩の量は変わりません。このとき，食塩水はうすくなりますから，割合(%)は小さくなります。

4では，食塩を入れますから，食塩の量も食塩水の量もふえます。このとき，食塩水はこくなりますから，割合(%)は大きくなります。

5では，2種類の食塩水をまぜます。このとき，割合(%)は4%と12%の間になります。

39 表の利用

1 (1) 200÷100＝2より，100gの水にとかした場合の2倍が答えになります。100gの水の場合，80度では38.4gとけますが，40度では36.6gしかとけませんから，
38.4－36.6＝1.8(g)
の食塩が出てきます。これを2倍して，
1.8×2＝3.6(g)
答え　3.6g

(2) 食塩は36g，食塩水は，
100＋36＝136(g)
36÷136＝0.264…
答え　およそ26%

2 (1) 100gの水では240gのさとうがとけますから，50gでは半分の120gとけます。さとう水の重さは，
50＋120＝170(g)
答え　170g

(2) さとうは200g，さとう水は，
100＋200＝300(g)
200÷300＝0.666…
答え　およそ67%

(3) (360－240)×2＝120×2＝240
答え　240g

(4) 75%のさとう水400gの中のさとうの量は，400×0.75＝300(g)
水の量は，400－300＝100(g)
100gの水に300gのさとうがとけているので，40度まで冷やすと，
300－240＝60(g)
のさとうが出てきます。
答え　60g

考え方・解き方

▶**1(2)からわかるように，食塩をとけるだけとかしたときの食塩水は，100%の食塩水ではありません。気をつけましょう。**
食塩は水の温度が変わっても，とける量はほとんど変わりません。それに対して，さとうは水温が高くなると，とける量の変わり方も大きくなります。
2(3)は，**1**(1)と同じように，100gの場合で考えて2倍します。
2(4)は，さとう水400gが，水100gにさとう300gをとかしたものであることがわかれば，表の数がそのまま使えます。

40 問題の考え方—①(年令算)

1 年令(ねんれい)の差(さ)は，34－7＝27
これが，おさむくんの年令の3倍になるときです。
式　(34－7)÷3＝27÷3＝9
　　9－7＝2
答え　2年後

2 年令の差が，たかしくんの年令と等しいときです。
式　17－11＝6　　11－6＝5
答え　5年前

3 弟の年令が，年令の差の4倍になるときです。
式　(13－9)×4＝4×4＝16
　　16－9＝7
答え　7年後

4 私(わたくし)の年令が5ふえたとき，弟と妹の年令も5ずつふえ，弟と妹の年令の和は10ふえます。その差の3倍が5年後の私の年令になります。
式　(10－5)×3＝5×3＝15
　　15－5＝10
答え　10才

5 右の図で，色をぬった部分が，私が今の妹の年令だったときです。このときの妹の年令の5倍が20になり，妹の年令の3倍が今の私の年令になります。
式　20÷5×3＝4×3＝12
答え　12才

考え方・解き方

▶1の図は，次のようになります。

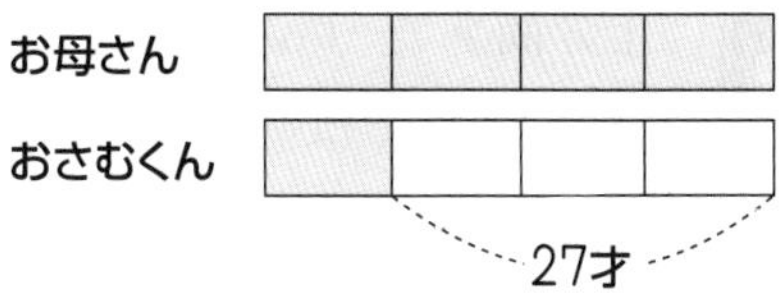

2の図です。

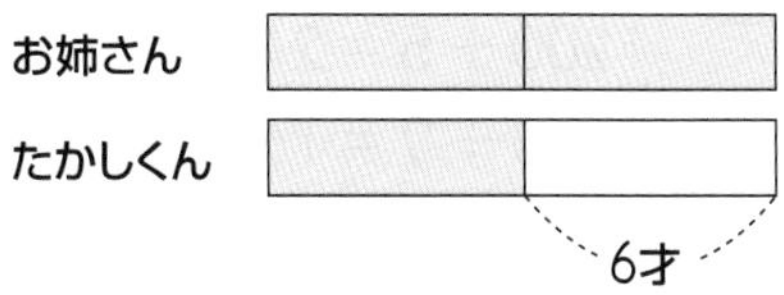

3の図です。

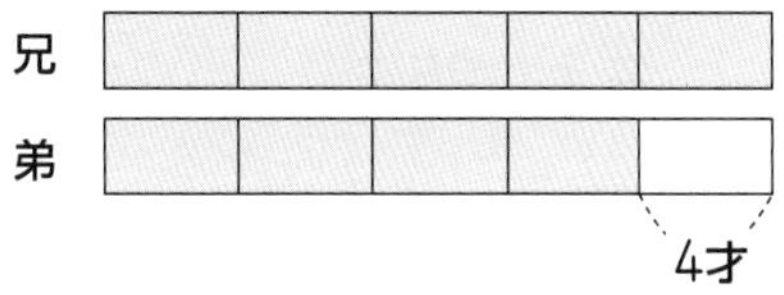

4の図です。

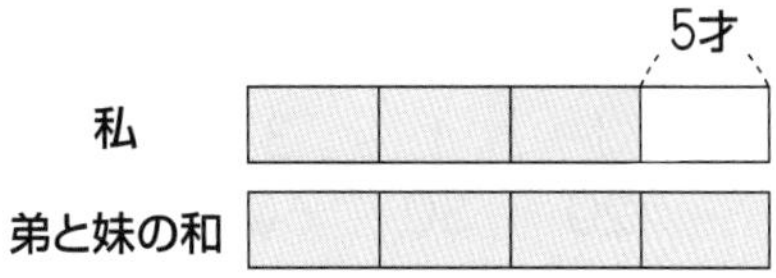

この問題からは，弟と妹の年令はわかりません。

5の図です。

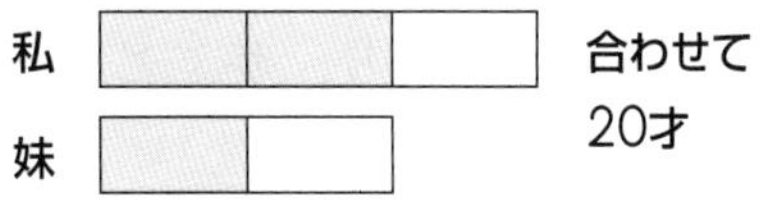

41 問題の考え方—②(仕事算)

1 1分間あたりにはいる水の量(りょう)は,
大きい管(かん)では, $360 \div 30 = 12$(L)
小さい管では, $360 \div 45 = 8$(L)
両方の管を同時に使うと, 1分間に,
$12 + 8 = 20$(L)
式 $360 \div 20 = 18$ 答え 18分

2 1分間あたりに印刷(いんさつ)できる枚数(まい)は,
$1200 \div 5 = 240$(枚)
$1120 \div 7 = 160$(枚)
2台の印刷機(き)を同時に使うと, 1分間に,
$240 + 160 = 400$(枚)
式 $10000 \div 400 = 25$
答え 25分

3 水そうにはいる水の量を1と考えると, 1分間あたりにはいる水の量は, 大きい管では$\frac{1}{20}$, 小さい管では$\frac{1}{30}$です。
両方の管を同時に使うと, 1分間に,
$$\frac{1}{20} + \frac{1}{30} = \frac{3}{60} + \frac{2}{60} = \frac{5}{60} = \frac{1}{12}$$
式 $1 \div \frac{1}{12} = 1 \times 12 = 12$
答え 12分

4 家から学校までの道のりを1と考えると, 1分間あたり, 歩くと$\frac{1}{15}$, 走ると$\frac{1}{6}$だけ進みます。
式 $\left(1 - \frac{1}{15} \times 10\right) \div \frac{1}{6} = \frac{1}{3} \times 6 = 2$
答え 2分

考え方・解き方

▶**1**は全体の量が360Lとわかっているので, 考えやすいのですが, **3**と**4**は, わからないので, 全体の量を1として考えます。

1分あたりの仕事の量×時間
=全体の仕事の量

ですから, 時間を求めるには, **全体の仕事の量を1分あたりの仕事の量でわります。**

4では, 10分歩いたところで,
$$\frac{1}{15} \times 10 = \frac{10}{15} = \frac{2}{3}$$
ですから, 全体の$\frac{2}{3}$の道のりを歩いています。残(のこ)りは,
$$1 - \frac{2}{3} = \frac{1}{3}$$
で, 走ると1分間あたり$\frac{1}{6}$だけ進むので, x分走るとすると,
$$\frac{1}{6} \times x = \frac{1}{3}$$
より,
$$x = \frac{1}{3} \div \frac{1}{6} = \frac{1}{3} \times 6 = 2$$
となります。

42 問題の考え方―③(通過算)

1 式　(800＋120)÷20＝46
答え　46秒

2 式　180÷15＝12
答え　秒速12m

3 45秒で，橋の長さとバスの長さを合わせた長さを走っています。
式　10×45－15＝450－15＝435
答え　435m

4
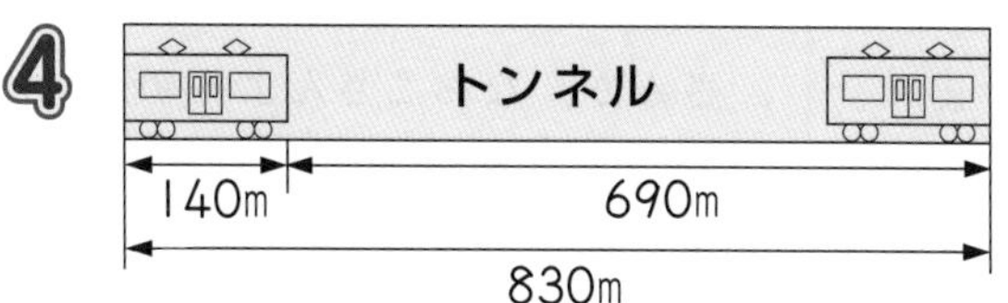

秒速15mで，830－140＝690(m)走ります。
式　(830－140)÷15＝46
答え　46秒

5 出会ってからはなれるまでに，2つの電車が走る道のりを合わせると，電車の長さの和になります。
式　(20＋25)×5－130
　＝45×5－130
　＝225－130＝95
答え　95m

考え方・解き方

▶**1**では，電車は橋の長さと電車の長さを合わせた長さを走ると，橋をわたり終わります。

　　道のり＝速さ×時間

から，時間を求めるときは，

　　時間＝道のり÷速さ

を計算します。

2では，ホームにいる人の前を，電車の前からうしろまでの長さ，つまり，電車の長さを15秒で走っていますから，

　　速さ＝道のり÷時間

で秒速を求(もと)めています。

5では，一方の電車を止めて考えるとわかりやすいです。下り電車が止まっていると考えると，上り電車は出会ってからはなれるまでに，下り電車と上り電車の長さの和だけ走ります。実際(じっさい)には，2つの電車は5秒間で，

　　20×5＋25×5
　＝(20＋25)×5
　＝45×5＝225(m)

走っていますから，ここから上り電車の長さをひくと，下り電車の長さが求められます。

43 問題の考え方——④（旅人算）

1 速さの和は，50＋70＝120ですから，2人は1分間に120mずつ近づいていきます。
式　720÷(50＋70)
　＝720÷120＝6
答え　6分後

2 式　840÷(160＋120)
　＝840÷280＝3
答え　3分後

3 はじめに，2人は600mはなれています。速さの差は，250－50＝200ですから，2人は1分間に200mずつ近づいていきます。
式　600÷(250－50)
　＝600÷200＝3
答え　3分以内

4 くみさんがなおこさんを追いこすのは，なおこさんより1周多く走ったときです。
1周は950mで，速さの差は，
350－160＝190ですから，1分間に190mずつ追いついていきます。
式　950÷(350－160)
　＝950÷190＝5
答え　5分後

5 みかさんが家を出てから8分間で，
60×8＝480(m)歩きます。速さの差は，180－60＝120ですから，2人は1分間に120mずつ近づきます。
式　60×8÷(180－60)
　＝480÷120＝4
答え　4分以内

考え方・解き方

▶**2**は，**1**と同じように，840mはなれた2地点を同時に出発すると考えるとわかりやすいです。
3は，ゆきさんとお母さんが同じ方向に進んでいますから，速さの差を考えます。
もし，お母さんが家を出てから3分以内にゆきさんが駅についてしまうと，そこでゆきさんは止まりますから，お母さんは3分より早くゆきさんに追いつきます。
4は，直線コースで考えると，くみさんが，なおこさんより950mうしろからスタートすることになります。そうすると，**3**と同じようにして解くことができます。
5は，みかさんが家を出てお兄さんが家を出るまでの8分間で，
　60×8＝480(m)
歩きます。これがわかれば，あとは**3**と同じです。

44 問題の考え方 —— ⑤（流水算）

1 川を上るので，実際の速さは，
35－4＝31より，時速31kmです。
式　(35－4)×3＝31×3＝93
答え　93km

2 実際の速さは，46÷2＝23より時速23kmです。川を下るので，船の速さと川の流れの速さの和が時速23kmになります。
式　46÷2－2＝23－2＝21
答え　時速21km

3 実際の速さは，24÷2＝12より時速12kmです。川を上るので，船の速さから川の流れの速さをひくと時速12kmになります。
式　24÷2＋3＝12＋3＝15
答え　時速15km

4 30分＝0.5時間です。
実際の速さは，20kmを0.5時間で進むので，20÷0.5＝40より，時速40kmです。
式　20÷0.5－36＝40－36＝4
答え　時速4km

5 実際の速さを求めます。
上りは，20÷2＝10より，時速10km
下りは，20÷1＝20より，時速20km
これより，船の速さと川の流れの速さの和が20，差が10となります。
式　川の流れの速さは，
　(20－10)÷2＝10÷2＝5
　船の速さは，
　5＋10＝15
答え　船は時速15km
　　　川の流れは時速5km

考え方・解き方

▶川の流れを考えて問題を解きます。
1，**3**は，川を上るので，
　実際の速さ＝船の速さ－川の流れ
2，**4**は，川を下るので，
　実際の速さ＝船の速さ＋川の流れ
となります。
5については，次の図で考えます。

船の速さ　　和が
川の流れ　10　20

川の流れの速さの2倍に10をたすと，20になります。順にもどして考えると，川の流れの速さは，
　(20－10)÷2
＝10÷2
＝5
より，時速5kmになります。